乡村建设工匠培训通用教材

乡村建设泥瓦工

乡村建设工匠培训通用教材编委会　编写

中国建筑工业出版社

图书在版编目（CIP）数据

乡村建设泥瓦工／乡村建设工匠培训通用教材编委
会编写. -- 北京：中国建筑工业出版社，2024.7.
（乡村建设工匠培训通用教材）. -- ISBN 978-7-112
-30124-9

Ⅰ. TU754.2

中国国家版本馆 CIP 数据核字第 20240NH001 号

　　本套教材是根据《乡村建设工匠国家职业标准（2024年版）》《乡村建设工匠培训大纲》
编写的全国通用培训教材。包括《乡村建设工匠基础知识》《乡村建设泥瓦工》《乡村建设木
工》《乡村建设钢筋工》《乡村建设水电安装工》5册，内容涵盖初级、中级、高级。本套教
材可作为乡村建设工匠培训用书。

　　为了更好地支持乡村建设工匠培训工作的开展，我们向采购本书作为教材的单位提供教
学课件，有需要的可与出版社联系，邮箱：jckj@cabp.com.cn，电话：（010）58337285。

责任编辑：李　慧　李　杰
责任校对：赵　力

乡村建设工匠培训通用教材
乡村建设泥瓦工
乡村建设工匠培训通用教材编委会　编写
*
中国建筑工业出版社出版、发行（北京海淀三里河路9号）
各地新华书店、建筑书店经销
北京建筑工业印刷有限公司制版
廊坊市海涛印刷有限公司印刷
*
开本：787 毫米×1092 毫米　1/16　印张：16¾　字数：343 千字
2024 年 8 月第一版　　2024 年 8 月第一次印刷
定价：**55.00** 元
ISBN 978-7-112-30124-9
（43099）

丛书编委会

编委会主任　刘李峰

编委会副主任　杨　飞　赵　昭

编委会成员

程红艳　苏　谦　万　健　王东升　黄爱清

厉　兴　孙　昕　揭付军　樊　兵　陈　颖

崔秀明　周铁钢　崔　征　王立韬

主　编　杨洪海

副主编　何青峰

主　审　周　明

组织编写单位

住房和城乡建设部人力资源开发中心

丛书前言

乡村建设工匠是乡村建设的主力军。2022年新修订的《中华人民共和国职业分类大典》将乡村建设工匠作为新职业纳入国家职业分类目录。为落实全国住房城乡建设工作会议部署和《关于加强乡村建设工匠培训和管理的指导意见》（建村规〔2023〕5号）的要求，进一步规范乡村建设工匠培训工作，大力培育乡村建设工匠队伍，提高乡村建设工匠技能水平，更好服务农房和村庄建设，在住房城乡建设部村镇建设司指导下，编写团队严格依据《乡村建设工匠国家职业标准（2024年版）》《乡村建设工匠培训大纲》编写了本套通用培训教材。

本套教材包括《乡村建设工匠基础知识》《乡村建设泥瓦工》《乡村建设木工》《乡村建设钢筋工》《乡村建设水电安装工》5册，内容涵盖初级、中级、高级，其中《乡村建设工匠基础知识》介绍了乡村建设工匠应掌握的工程设计、施工、管理、安全、法律法规等基础知识，其他分册介绍了乡村建设工匠4个职业方向的专业技能要求，在培训时要结合两本教材，根据培训对象的技能等级要求进行培训教学。各地可以在通用教材的基础上，根据地域特点和民族特色，从实际出发，灵活设计培训教学内容。后期，编写组还将根据培训实际，组织编写乡村建设带头工匠培训教材。

本套教材4个职业方向的基础部分由湖北城市建设职业技术学院程红艳副教授团队编写，保证了各职业方向基础知识内容的统一性和完整性；教材主编、副主编、主审组织专家团队对教材进行了多轮审核，保证了丛书的科学性和规范性。限于时间有限，本套教材还有不足之处，恳请读者在使用过程中提出宝贵意见。

前　言

乡村建设工匠是乡村建设的主力军，更是推动乡村振兴、引导农民群众共同缔造美好生活环境、建设宜居宜业和美乡村的重要力量。2022年7月，乡村建设工匠纳入《中华人民共和国职业分类大典（2022年版）》，标志着长期活跃在广袤农村的乡村建设从业人员有了正式的职业称谓。2022年11月，国家乡村振兴局、教育部、住房城乡建设部等八部门联合印发《关于推进乡村工匠培育工作的指导意见》，要求建立和完善乡村工匠培育机制，挖掘培养一批、传承发展一批、提升壮大一批乡村工匠。2022年12月，住房和城乡建设部、人力资源和社会保障部印发《关于开展万名"乡村建设带头工匠"培训活动的通知》，要求进一步加强乡村建设工匠队伍建设，重点开展万名"乡村建设带头工匠"培训活动，带动乡村建设工匠职业技能和综合素质提升。2023年12月，住房和城乡建设部、人力资源和社会保障部印发《关于加强乡村建设工匠培训和管理的指导意见》，提出建立和完善工匠培训和管理工作机制，提高工匠技能水平和综合素质，培育扎根乡村、服务农民的工匠队伍。2024年，《乡村建设工匠国家职业标准》正式发布，标志着乡村建设工匠的培训和管理进入新的阶段。

本书编委会基于《乡村建设工匠国家职业标准（2024年版）》，围绕乡村建设泥瓦工的初、中、高三个等级方向展开编写。本书是乡村建设工匠培训通用教材之一，由施工准备、测量放线、工程施工、质量验收四个部分内容组成，基本形成了泥瓦工全过程建设主要环节知识体系。同时注重理论知识与实践案例相结合，并将教学视频以二维码的形式安插在文中，扩展信息、辅助学习，进一步迎合受众的阅读习惯，增强学习效果。

本书由江苏城乡建设职业学院黄爱清主编，江苏省城乡研究中心王立韬任为副主编，第一、二、五、六、九、十章由湖北城市建设职业技术学院程红艳、方锐、李红、周琪编写，江苏城乡建设职业学院文畅、周征、蔡雷、田浩等参与其他章节的编写工作。江苏省城镇与乡村规划设计院有限公司间海任主审。编写过程中得到人力资源和社会保障部，住房和城乡建设部人事司、村镇建设司，住房和城乡建设部人力资源开发中心，江苏省乡村规划建设研究会，江苏城乡建设职业学院的大力支持，在此表示衷心的感谢。

目 录

泥瓦工（高级）

泥瓦工（初级）

泥瓦工（中级）

泥瓦工（高级）

第一章　施工准备

第一节　作业条件准备

（一）防护装备的穿戴

常用的防护装备主要有安全帽、绝缘鞋、防护手套、安全带、护听器等。

1. 安全帽的佩戴

安全帽主要由帽壳、帽衬及配件等组成，如图 1-1 所示。

1）安全帽的佩戴

（1）选择合适大小的安全帽。

过大或过小的安全帽都起不到保护作用。佩戴时应将安全帽放在头上，调整好位置，确保其不会掉落。

（2）拉紧下颏带。

下颏带可以有效地固定安全帽，在佩戴安全帽时，应拉紧下颏带，使其不松动。

（3）检查安全帽是否戴正。

安全帽应戴正，使帽檐位于眉毛上方，并与头部垂直，如图 1-2 所示。如果安全帽没有戴正，可能会影响头部受到冲击时的缓冲效果。

2）安全帽的使用要求

（1）不能私自在安全帽上打孔，不要随意碰撞安全帽，不要将安全帽当板凳坐，以免影响其强度。

（2）安全帽不能在有酸、碱或化学试剂污染的环境中存放，不能放置在高温、日晒或潮湿的场所中，以免老化变质。

（3）使用之前应检查安全帽的外观是否有裂纹、碰伤痕迹、凸凹不平、磨损，帽衬是否完整，帽衬的结构是否处于正常状态。

安全帽的正确佩戴可扫描二维码观看视频 1-1。

图 1-1　安全帽　　　　图 1-2　安全帽佩戴　　　　视频 1-1　安全帽的
正确佩戴

2. 绝缘鞋的穿戴

工作过程中需要用到很多电动工具，绝缘鞋全鞋无金属，可以有效避免用电损伤。如图 1-3 所示。

图 1-3　绝缘鞋

（1）在选择绝缘鞋时，需要根据工作环境和工作需求来选择合适的绝缘等级。

（2）穿戴绝缘鞋时，应确保鞋内没有异物，同时要注意将鞋带系紧，以免发生意外。脚部应完全覆盖在绝缘鞋内，确保绝缘鞋与脚部紧密贴合。

（3）如果发现绝缘鞋表面有破损、裂纹或老化现象，应及时更换绝缘鞋，以确保其正常使用。

（4）绝缘鞋在使用过程中，应注意保持其清洁干燥。不要与酸碱等化学物质接触，以免损坏绝缘鞋的绝缘性能。使用完毕后，应将绝缘鞋放置在通风干燥的地方，避免阳光直射。

（5）绝缘鞋在使用时，要防止其受到尖锐物体的刺穿或磨损，以免降低其绝缘性能。

（6）使用安全鞋时，应避免与水长时间接触，不可浸泡水洗，否则影响其使用寿命，引起脱胶等问题。

（7）绝缘鞋的使用寿命一般为 2～3 年，要注意及时更换新的绝缘鞋，以确保其绝缘性能可靠。

3. 防护手套的佩戴

施工操作过程中应对手部进行防护，可用机械防护手套和普通劳保手套，如图 1-4、图 1-5 所示。

图 1-4　机械防护手套　　　　　　图 1-5　普通劳保手套

（1）在佩戴防护手套之前，必须注意手部的清洁和干燥。
（2）佩戴手套时，应确保手套完全覆盖手部，特别是手腕部分。
（3）在工作过程中，避免使用破损、老化或卷边的手套。
（4）使用电动工具切割过程中严禁戴手套。

4. 安全带和安全绳的佩戴

在 2m 及以上无可靠安全防护设施的高处作业时，必须系挂安全带和安全绳。安全带和安全绳如图 1-6 所示。安全带及安全绳的使用方法可扫描二维码观看视频 1-2。

（a）安全带　　　　　（b）安全绳

图 1-6　安全带和安全绳

视频 1-2　安全带及安全绳的
使用方法

1）安全带的佩戴

（1）首先抓住安全带的背部 D 形环，摇动安全带，让所有的带子都复位。然后解开胸带、腿带和腰带上的带扣，松开所有的带子。

（2）从肩带处提起安全带，将安全带穿在肩部，系好左腿带或扣索，系好右腿带或扣索，系胸前扣带，如图 1-7 所示，然后系腰部扣带，如图 1-8 所示。

（3）调节胸部扣带、腿带、肩带，直到合适，如图 1-9 所示。

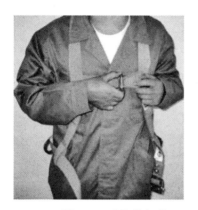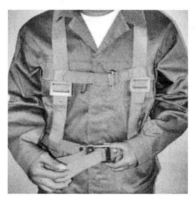

图 1-7　系胸前扣带　　　　　　　图 1-8　系腰部扣带

图 1-9　系好的安全带

2）安全带和安全绳的使用要求

（1）在使用安全带时，应检查安全带的部件是否完整，扣环有没有弯曲、裂痕或刻痕，带子有没有磨损的边缘、破裂、切口或其他损坏的地方，并留意松脱或折断的针线等。

（2）安全带使用时应高挂低用。安全绳的长度不能太长，在保证操作活动的前提下，要限制在最短的范围内。

（3）不准将绳打结使用，不准将钩直接挂在不牢固物体上。

（4）使用围杆作业安全带时，不允许在地面上随意拖着绳走，以免损伤绳套，影响主绳。

（5）安全带上的各种部件不得任意拆掉。更换新绳时要注意加绳套。

（6）安全带应储藏在干燥、通风的仓库内，不准接触高温、明火、强酸和尖锐的坚硬物体，也不准长期暴晒、雨淋。

5. 护听器的佩戴

现场切割时噪声很大，需佩戴护听器。护听器主要有耳罩式和耳塞式两大类。

耳罩式护听器按佩戴方式分为环箍式耳罩，如图 1-10（a）所示；挂安全帽式耳罩，如图 1-10（b）所示。耳塞式护听器按佩戴方式分为环箍式耳塞，如图 1-10（c）所示；不带环箍耳塞，如图 1-10（d）所示。

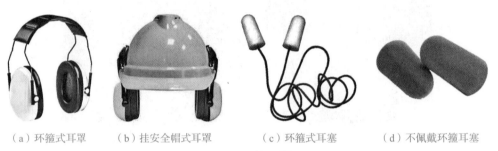

（a）环箍式耳罩　　（b）挂安全帽式耳罩　　（c）环箍式耳塞　　（d）不佩戴环箍耳塞

图 1-10　护听器

常用耳塞式护听器的材质比较柔软舒适，适合长时间佩戴，但佩戴时需要一定的技巧。一般在佩戴前先将耳塞尽可能揉搓成无折缝、细长的圆柱体；然后手绕过脑后，将耳廓尽量向上向外拉；最后把耳塞插入耳道，材料膨胀后堵住耳道，如图 1-11 所示。

图 1-11　耳塞式护听器使用示意图

（二）手持电钻的使用

手持电钻广泛应用于建筑、装修、家具等行业，多数电钻能实现一机三用：起拧螺栓、平钻钻孔及冲击钻孔。手持电钻按供电方式的不同可分为直流电池型，如图 1-12（a）所示；交流电源型，如图 1-12（b）所示。直流电池型机动性更好，但动力稍逊；交流电源型动力强劲，但受连接线长度限制，机动性相对较差。

手持电钻的使用方法可扫描二维码观看视频 1-3。

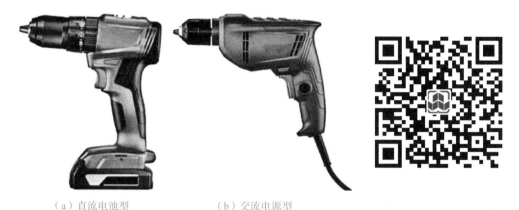

（a）直流电池型　　　　（b）交流电源型

图 1-12　手持电钻　　　　　　　　视频 1-3　手持电钻的使用方法

1. 手持电钻的检查

（1）使用前应检查钻头是否有裂纹或损伤，如果有损伤，需要更换新的钻头。

（2）检查电源线是否破损，如果发现破损，需要用绝缘胶带缠绕好以防触电，条件允许最好更换新的电源线。

（3）检查手持电钻开关是否处于关闭状态，防止接入电源时手持电钻突然转动导致意外伤害。

（4）电钻开启后可以先空转 1min，观察钻头的旋转方向和进给方向是否一致，检查传动部分是否灵活，有无杂声，钻头、螺钉有无松动，换向器火花是否正常等。

2. 手持电钻的操作

（1）打孔时双手应紧握电钻，尽量不要单手操作，以免因为后坐力或者旋转力导致意外伤害。

（2）打孔时下压的力度不要过大，防止钻头被打断或飞出导致意外伤人。

（3）确保所有手指离开钻头附近再开启电钻工作，以防误伤手指。

（4）清理钻头废屑以及换钻头等操作必须在断开电源的情况下进行。

（5）使用过程中，如果发现电钻过热，应立刻停止使用，进行清除污垢、更换磨损的电刷、调整电刷架弹簧压力等操作。

（6）完成打孔工作后，应先断开电源，等钻头完全停止转动，再将电钻放好；刚使用的钻头可能过热，会烧伤皮肤，不要立马接触。

（7）不使用时要及时拔掉电源插头、拔下钻头以防无意碰断，并将电钻等部件放回设备箱，存放在干燥、清洁的环境中。

3. 手持电钻电池更换

直流电池型手持电钻电池更换很方便，在机身上有电池仓，只要轻抠电池侧面的按钮就可卸下已耗完电的电池，再将已充满电的电池置入电池仓即可，如图 1-13 所示。

4. 手持电钻钻头更换

手持电钻的钻头有手动夹头和自锁夹头两种，如图 1-14 左侧所示。手动夹头型电钻钻头夹持牢固，不易掉落，钻孔精度高。自锁夹头型电钻在更换钻头、螺丝刀头时更加简单快捷。手动夹头型电钻需要用配套的夹头钥匙，如图 1-14 右侧所示。

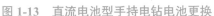

图 1-13　直流电池型手持电钻电池更换　　　　图 1-14　手动夹头和自锁夹头

（1）自锁夹头型钻头更换可分为不带电和带电两种情况。

① 不带电操作时，先按紧夹头下面部分，左右拧动上半部分，将爪夹调至合适的位置；然后将适配的钻头置入爪夹头内，放入合适的长度；最后按紧夹头下面部分，顺时针旋转夹头上半部分，用力拧紧即可，如图 1-15 所示。

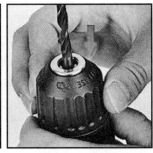

图 1-15　自锁夹头型手持电钻更换钻头（不带电）

② 带电操作时，先攥紧夹头上半部分，按下正 / 反转开关，启动电钻，将爪夹头调至合适位置；然后将适配的钻头置入爪夹头内，放入合适的长度；最后将电钻调成正转，攥紧夹头上半部分，轻按启动开关拧紧即可，如图 1-16 所示。

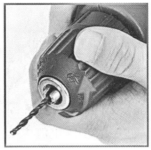

图1-16　自锁夹头型手持电钻更换钻头（带电）

（2）手动夹头型钻头更换时，先插入夹头钥匙，顺时针旋转松开夹头，然后放入适配的钻头，用夹头钥匙逆时针旋紧即可，如图1-17所示。

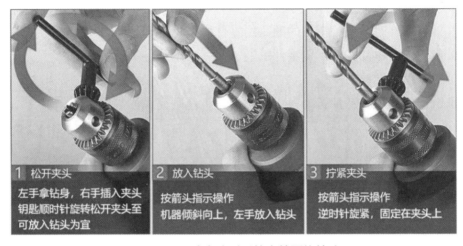

图1-17　手动夹头型手持电钻更换钻头

（三）无齿锯的使用

无齿锯可轻松切割各种材料，包括钢材、铜材、铝型材、木材等，如图1-18所示。

图1-18　无齿锯

1. 无齿锯的检查

（1）使用前必须认真检查设备的性能，确保设备完好。

（2）电源开关、锯片松紧度、锯片的护罩或安全挡板应进行详细检查，操作台必须稳固，夜间作业必须有足够的照明；检查三角带的磨损情况。

（3）使用前先打开总开关，空载试转几圈，待确认无误后才允许启动。

2. 无齿锯锯片更换

无齿锯锯片使用一段时间后，如果锯片磨损严重，需要更换新的锯片，以满足工程需要。更换锯片的操作方法如下：

（1）切断电源，把锯片用扳手固定，顺着锯片工作方向转动固定锯片的螺栓，拆下锯片。拆下零件时，要按拆下的顺序给零件做好标记和记录。

（2）换上新的锯片，按拆下零件的逆顺序和标记将各零件复位。

（3）拧紧固定螺栓。

（4）试运转，检查锯片转动是否平稳，若平稳则完成换装锯片工作。

【小贴士】无齿锯操作使用过程中需要切割的工件必须夹持牢固，严禁工件未夹紧就开始进行切割工作；严禁在砂轮平面上修磨工件的毛刺，防止砂轮片碎裂伤人；加工完毕应关闭电源；无齿锯应经常检查、清理、保养，旋转和活动部件应进行适当的维护和润滑。

（四）手持灭火器的使用

工程中常用的手持灭火器为干粉灭火器，部分场所会用到二氧化碳灭火器。

1. 手提式干粉灭火器的使用

（1）灭火器使用前，应检查压力是否有效，将灭火器上下用力摆动数次。

（2）拉开安全插销，一只手握住手柄，另一只手握住管子，对准火焰根部，用力按压开关，直至喷射灭火剂并远近扫射前进灭火。

（3）灭火后，立即放松压力，停止喷射灭火剂。

手提式干粉灭火器使用方法如图 1-19 所示。

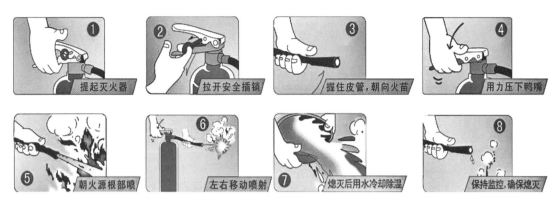

图 1-19 手提式干粉灭火器使用方法

【小贴士】手提式干粉灭火器在使用时需要注意：保险销拔出后禁止喷嘴对人造成伤害；灭火时，操作人员应在上风方向操作；注意控制灭火点的有效距离和使用时间。

2. 手提式二氧化碳灭火器的使用

手提式二氧化碳灭火器主要用于拯救贵重设备、600V以下的电器和油类首次起火。灭火时，在距燃烧物2m左右拔出灭火器保险销，一手握住喇叭筒根部的手柄，另一只手紧握启闭阀的压把。当可燃液体呈流淌状燃烧时，将二氧化碳灭火剂的喷流由近而远向火焰喷射。

二氧化碳灭火器在室外使用时，应选择在上风方向喷射，并且手要放在钢瓶的木柄上，不能直接用手抓住喇叭筒外壁或金属连线管，防止冻伤。在室内窄小空间使用时，灭火后操作者应迅速离开，以防窒息。

手提式干粉灭火器及手提式二氧化碳灭火器的使用方法可扫描二维码观看视频 1-4、视频 1-5。

视频 1-4 手提式干粉灭火器的使用方法　　视频 1-5 手提式二氧化碳灭火器的使用方法

第二节　材料准备

（一）钢筋型号区分

1. 钢筋型号区分

钢筋根据表面形状分为光圆钢筋和带肋钢筋。光圆钢筋如图 1-20 所示，带肋钢筋如图 1-21 所示。

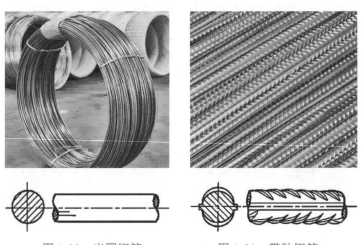

图 1-20　光圆钢筋　　　图 1-21　带肋钢筋

【小贴士】HPB300 钢筋用符号"Φ"表示，HRB400 钢筋用符号"Φ"表示。热轧光圆钢筋一般作非受力筋用，例如板的分布筋、负筋、梁柱的箍筋等。推荐的钢筋公称直径为 6mm、8mm、10mm、12mm、16mm、20mm。热轧带肋钢筋在钢筋混凝土里被大规模用于各个构件的受力钢筋。推荐的钢筋公称直径为 6mm、8mm、10mm、12mm、14mm、16mm、18mm、20mm、22mm、25mm、28mm、32mm、36mm、40mm、50mm。

2. 钢筋型号现场识别

热轧钢筋出厂时，在每捆上挂不少于 2 个标牌，印有厂标、钢号、炉号、直径等标号，并附质量证明书，如图 1-22 所示。

带肋钢筋表面轧上牌号标志、生产企业序号（生产许可证后 3 位数字）和公称直径毫米数字，还可轧上经注册的厂名或商标。如图 1-23 所示，其中 4E 表示钢筋牌号为 HRB400E，X 即某厂名拼音首字母，25 表示钢筋公称直径为 25mm，062 为生产企业许可证后 3 位数字。

图 1-22　钢筋标牌

图 1-23　带肋钢筋表面标志

（二）木方型号区分

木方一般用于装修、门窗材料或木制家具、结构施工中的模板支撑及屋架用材。乡村建设工程中用到的木方主要有装修用木方、模板支架用木方。

1. 装修用木方型号区分

装修用木方主要用作木龙骨，如图 1-24 所示。常用龙骨有吊顶龙骨、隔墙龙骨、地板龙骨。一般装修用的木方都是用于撑起外面的装饰板或地板。

装修用木方以松木材质居多，长度一般是 4m 长，宽度和厚度常用 20mm×30mm、30mm×30mm、30mm×40mm、40mm×40mm、40mm×60mm 等。

2. 模板支架用木方型号区分

模板支架用木方主要用作模板的背楞、夹木、托木等，如图 1-25所示。

模板支架用木方规格尺寸较多，常见的有 3cm×6cm、3cm×7cm、3cm×8cm、3cm×9cm、3.5cm×7cm、3.5cm×8cm、3.5cm×8.5cm、3.8cm×8.8cm、4cm×7cm、4cm×8cm、4cm×9cm、4.5cm×9cm、5cm×10cm、5.5cm×7cm、6cm×7cm、

8cm×8cm、9cm×9cm、10cm×10cm、12cm×12cm、15cm×15cm、20cm×20cm等。

模板支架用木方的长度一般有 7 种：2m、2.5m、2.7m、3m、3.5m、4m、6m。

图 1-24　装修用木方　　　　　　　图 1-25　模板支架用木方

（三）模板型号区分

1. 模板的选用

模板通常按制作材料不同进行分类，主要有木模板、钢模板、木胶合板模板、竹胶合板模板、铝合金模板等。

1）木模板

传统的木模板如图 1-26（a）所示。板间拼缝大，混凝土施工过程中胀模现象较多，模板损耗大，混凝土结构面观感差，周转次数少，易变形，现已几乎被木胶合板模板取代。

2）钢模板

钢模板一般做成定型模板，适用于多种结构形式，在工程施工中广泛应用，如图 1-26（b）所示。钢模板周转次数多，但一次投资量大，乡村建设中应用较少。

3）木胶合板模板

木胶合板模板如图 1-26（c）所示。木胶合板模板具有强度高、板幅大、自重轻、锯截方便、不翘曲、接缝少、不开裂等优点，提高了工程质量和工程进度，在乡村建设施工中用量最大。

4）竹胶合板模板

竹胶合板模板简称竹胶板，比木胶合板模板强度更高，表层经树脂涂层处理后可作为清水混凝土模板。

5）铝合金模板

铝合金模板具有质量轻、刚度大、拼装方便、周转率高的特点，但首次资金投入较高，目前在大型施工项目中应用较为广泛，乡村建设中基本不用。

（a）木模板　　　　　　　　（b）钢模板　　　　　　　（c）木胶合板模板

图 1-26　模板

2. 模板型号的区分

木胶合板模板的幅面尺寸有模数制与非模数制之分，其中 1830mm×915mm 和 2440mm×1220mm 两种幅面尺寸较为常用，木胶合板模板的厚度以 15mm、18mm 居多。木胶合板模板规格应符合表 1-1 的规定。

模数制混凝土模板用胶合板的长度和宽度允许偏差为 0、−3mm，非模数制混凝土模板用胶合板的长度和宽度允许偏差为 ±2mm，厚度允许偏差一般为 ±0.7mm，垂直度允许偏差不大于 0.8mm/m，边缘直度允许偏差不大于 1mm/m。

木胶合板模板规格（单位：mm）　　　　　　　　　　　　　表 1-1

幅面尺寸				厚度
模数制		非模数制		
宽度	长度	宽度	长度	
		915	1830	
900	1800	1220	1880	
1000	2000	915	2135	12、15、18、21
1200	2400	1220	2440	
		1250	2500	

注：其他规格尺寸由供需双方协议。

【小贴士】建筑模板的尺寸看起来奇怪，是因为用了公制单位毫米（mm），换成英制单位英寸（inch）就很明显了，1830mm×915mm ＝ 72inch×36inch（俗称 6×3 尺），另外的常见尺寸还有 2440mm×1220mm（即 96inch×48inch，俗称 8×4 尺）。

竹胶合板模板规格应符合表 1-2 的规定。

竹胶合板模板规格（单位：mm） 表 1-2

长度	宽度	厚度
1830	915	
1830	1220	
2000	1000	9、12、15、18
2135	915	
2440	1220	
3000	1500	

注：其他规格尺寸由供需双方协议。

（四）脚手架材料区分

脚手架按材料的不同分为木脚手架、竹脚手架、钢管脚手架或金属脚手架；按搭设位置划分为外脚手架和里脚手架。乡村建设中常用木竹脚手架和扣件式钢管脚手架。

1. 木脚手架材料区分

木脚手架所用材料一般为剥皮杉杆、落叶松或其他坚韧顺直硬木，不得使用杨木、柳木、桦木、椴木、油松和腐朽枯节等质地欠坚韧的易弯、易折的木材。木脚手架中以杉篙脚手架为典型代表，如图 1-27 所示。现在木脚手架已很少使用。

图 1-27 杉篙脚手架

2. 竹脚手架材料区分

竹脚手架一般选用生长期 3 年以上的毛竹或楠竹为材料，如图 1-28 所示。青嫩、枯黄、黑斑、虫蛀、裂纹连通两节以上的竹竿均不能使用。

图 1-28 竹脚手架

竹脚手架同木脚手架一样,各种杆件也使用绑扎材料加以连接,竹脚手架的绑扎材料主要有竹篾、镀锌钢丝、塑料篾等。竹脚手架中所有的绑扎材料也不得重复使用。

3. 扣件式钢管脚手架材料区分

扣件式钢管脚手架的构造示意如图 1-29 所示。搭设扣件式钢管脚手架的材料(简称架料)有钢管、扣件、底座、垫板及脚手板。

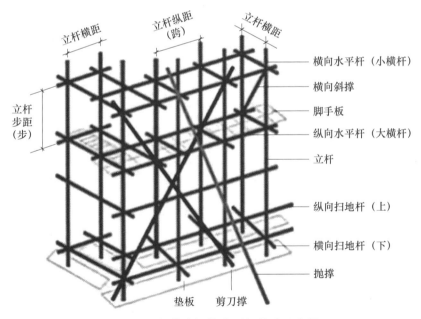

图 1-29 扣件式钢管脚手架构造示意图

1)钢管

用于立杆、大横杆和各支撑杆(斜撑、剪刀撑、抛撑等)的钢管最大长度不得超过 6.5m,一般为 4～6.5m;小横杆所用钢管的最大长度不得超过 2.2m,一般为 1.8～2.2m。如图 1-30 所示。

图 1-30　钢管

2）扣件

扣件主要有直角扣件、旋转扣件、对接扣件三种形式。直角扣件又称十字扣件，用于连接两根垂直相交的杆件，如立杆与大横杆、大横杆与小横杆的连接，如图 1-31（a）所示。旋转扣件又称回转扣件，用于连接两根平行或任意角度相交的钢管的扣件，如斜撑和剪刀撑与立柱、大横杆和小横杆之间的连接，如图 1-31（b）所示。对接扣件又称一字扣件，是钢管对接接长用的扣件，如立杆、大横杆的接长，如图 1-31（c）所示。

扣件在使用前应进行质量检查，并进行防锈处理。有裂缝、变形的严禁使用，出现滑丝的螺栓必须更换。

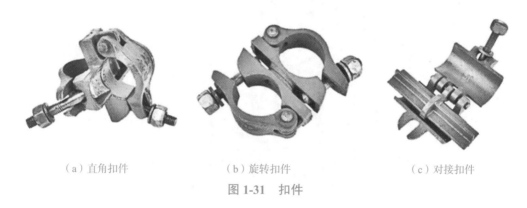

（a）直角扣件　　　　　　（b）旋转扣件　　　　　　（c）对接扣件

图 1-31　扣件

3）底座

扣件式钢管脚手架的底座为套管、钢板焊接底座，如图 1-32 所示。

4）垫板

脚手架底部即底座下方应设垫板，如图 1-33 所示。

5）脚手板

乡村建设中常用的脚手板有木脚手板、竹串片脚手板、竹笆脚手板等，施工时可根据各地区的材源就地取材选用。

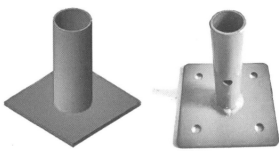

图 1-32 底座　　　　　　　　　　图 1-33 垫板

（1）木脚手板

木脚手板一般采用杉木或落叶松制作，如图 1-34 所示。

图 1-34 木脚手板

（2）竹串片脚手板

竹串片脚手板采用螺栓穿过并列的竹片，将其串连拧紧而成，如图 1-35 所示。

（3）竹笆脚手板

竹笆脚手板采用平放的竹片纵横编织而成，如图 1-36 所示。

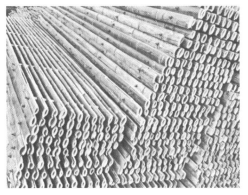

图 1-35 竹串片脚手板　　　　　　图 1-36 竹笆脚手板

（五）材料的分类码放

1. 钢筋的分类码放

当钢筋运进施工现场后，必须严格按批分等级、牌号、直径、长度挂牌存放，并注明数量，不得混淆。

1）码放场地要求

钢筋应尽量堆入仓库或料棚内，以防止雨雪浸湿钢筋导致生锈。堆放钢筋的场地要坚实平整，在场地基层上用混凝土硬化或用碎石硬化。

条件不具备时，应选择地势较高、土质坚实、较为平坦的露天场地存放。在存放场地周围挖排水沟，以利于泄水。堆放时钢筋下面要加垫木，离地不宜少于20cm，以防钢筋锈蚀和污染。

2）钢筋分类码放

钢筋原材进入现场后，应分规格、分型号进行堆放，不能为了卸料方便而随意乱放。

钢筋原材及成品钢筋堆放场地必须设有明显的标识牌。钢筋原材标识牌上应注明钢筋进场时间、受检状态、钢筋规格、长度、产地等；成品钢筋标识牌上应注明构件名称、部位、钢筋类型、尺寸、牌号、直径、根数，不能将不同构件的钢筋混放在一起，如图1-37所示。

图 1-37　钢筋分类码放

2. 水泥的分类码放

施工现场水泥堆放应按施工现场平面图指定的地方堆放，不得随意堆放。水泥应按品种、标号分类堆放。库内存放的水泥，其堆放距墙、地不少于200mm。散装水泥要认真打包，包装袋及时回收，散落灰及时清运。袋装水泥堆放高度不能超过10

袋，如图 1-38 所示。堆放水泥的场地要硬化，地势较高，排水畅通，露天堆放水泥要加盖苫布。

3. 砌筑材料的码放

砌筑材料的堆放位置应在起吊机械附近，要尽量减少二次搬运，使场内运输路线最短，以便砌筑时起吊。堆放场地应平整夯实、最好硬化，砌筑材料堆放平稳，并做好排水工作。砌筑材料规格、数量必须配套，按不同类型分别堆放，如图 1-39 所示。

图 1-38　水泥码放　　　　　　　　图 1-39　砌筑材料码放

4. 木方的分类码放

木方应按尺寸不同分类码放，码放要求上盖下垫，硬化地面，场地不能积水。
（1）不能直接堆放在地面上，下面要垫起 20～30cm 的高度，如图 1-40 所示。

图 1-40　木方码放

（2）木方堆场如无雨棚，要进行覆盖，避免雨淋和太阳照射。
（3）木方码放整齐有序，高度一般不超过 1.5m，方便取用并保证安全。
（4）木材是易燃物，码放区要注意防火。

（5）木方应分别横竖交错层层堆放，须同方向堆放时应考虑通风，堆放应结实整齐，不下陷不歪斜。垛间距离不得小于1m。

（6）操作区宜设有贯穿的纵横通道。主通道的宽度应根据运行车辆的种类而定，最窄处不得小于2m。单独用作安全疏散用的通道，其最小宽度不得小于1.4m。

5. 模板的分类码放

模板码放前应做好外表的处理工作，一般均匀涂一层隔离剂，以便脱模和外表清洗。模板要进行编号，以便再次使用时快速查找。地面上模板的码放高度不超过1.5m，架子上模板的码放高度不超过3层。不得随意靠墙堆放模板。应注意板面与地面不可直接接触，用木方将模板层层隔开，保持模板通风，同时更要注意遮挡，防止日晒雨淋。木工场和木质材料堆放的场地严禁烟火，并按要求配备消防器材。其他码放要求同木方。

6. 脚手架的分类码放

（1）脚手架按构件分类码放，杆件、脚手板、辅助材料分类分堆，如图1-41所示。

图1-41 脚手架材料分类码放

（2）钢管分尺寸分类堆放，搭设堆放架，扣件、零配件集中分类堆放扣件池内，不散不乱，并挂材料标示牌。

（3）钢管周转材料堆放要求场地地面硬化及不积水，堆放限高≤1.2m，采用搭钢管架子堆放限高≤2m。

第三节　施工机具准备

（一）现场机具开关箱位置识别

根据《供配电系统设计规范》GB 50052—2009、《施工现场临时用电安全技术规范》JGJ 46—2005 要求，施工现场用电必须符合下列规定：

（1）采用三级配电系统，即总配电柜或箱、分配电箱、开关箱，如图 1-42 所示。

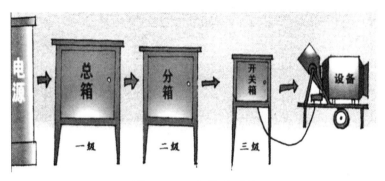

图 1-42　三级配电系统

（2）采用 TN-S 接零保护系统，现场中所有的配线均采用三相五线制。

（3）采用二级漏电保护系统，即除在末级开关箱内加装漏电保护器外，还要在上一级分配电箱或总配电箱中再加装一级漏电保护器，总体上形成两级保护。

配电箱位置的识别

1）三级配电箱

乡村建设施工阶段多为临时用电。临时用电就是在某个地方施工需要用电，临时搭建配电箱，再由各级配电箱分支到各个用电现场。配电箱分为一级配电箱（总配电箱）、二级配电箱（分配电箱）、三级配电箱（开关箱）三种。其中，一级配电箱是从变压器引入三相电源、地线、零线；二级配电箱是从一级配电箱电源至临时用电区域；三级配电箱是电器设备自身的控制柜。各级配电箱如图 1-43 所示。

2）施工现场配电箱位置的识别

（1）一级配电箱位置

一般安装在变压器或者配电室附近，如果工地距变压器或者配电室远，则会考虑安装到工地用电机械相对中心位置，且不影响物资运输和存放，为下步二级配电箱做准备。

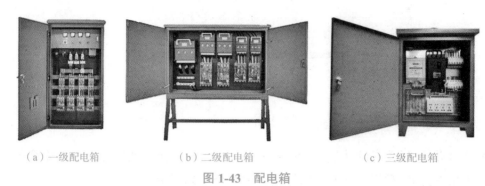

（a）一级配电箱   （b）二级配电箱   （c）三级配电箱

图 1-43　配电箱

（2）二级配电箱位置

一般安装在起吊设备与搅拌机中间位置，且不影响物资运输和存放。钢筋制作区、木工加工区等各放置一台。

（3）三级配电箱位置

安装在用电设备负荷相对集中的地区，二级配电箱与三级配电箱之间的距离不超过 30m。

【小贴士】动力配电箱与照明配电箱分别设置，如合置在同一配电箱内，动力与照明线路分路设置，照明线路接线接在动力开关的上侧。三级配电箱是末级配电箱配电，箱内一机一闸一漏，每台用电设备都有自己的开关，严禁用一个开关电器直接控制两台以上的用电设备。

3）配电箱安装位置的要求

配电箱安装位置主要考虑安全和使用便利两方面。

（1）安全

配电箱、开关箱应装设在干燥、通风及常温场所；不得装设在瓦斯、烟气、蒸汽、液体及其他有害介质中。不得装设在易受外来物体撞击、强烈振动、液体浸溅及热源烘烤的场所。避免在潮湿、易燃的环境中安装，以免电路设施遭受损害。

（2）使用便利

一般应该安装在方便操作的地方，周围不要堆积材料，不要遮挡配电箱。另外，也要远离干扰因素，如电器、电线、垃圾桶等。常见配电箱及开关箱安装如图 1-44～图 1-47 所示。

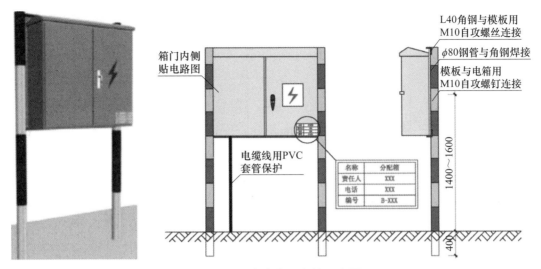

名称	分配箱
责任人	XXX
电话	XXX
编号	B-XXX

箱门内侧贴电路图

电缆线用PVC套管保护

L40角钢与模板用M10自攻螺丝连接

φ80钢管与角钢焊接

模板与电箱用M10自攻螺钉连接

1400～1600

400

图 1-44　固定式分配电箱示意图

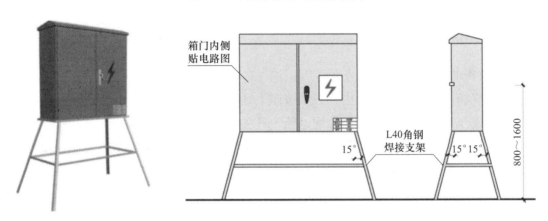

箱门内侧贴电路图

15°

L40角钢焊接支架

15° 15°

800～1600

图 1-45　移动式分配电箱示意图

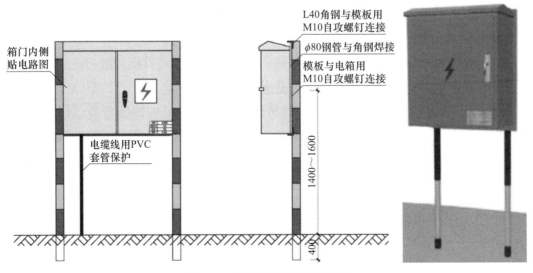

箱门内侧贴电路图

电缆线用PVC套管保护

L40角钢与模板用M10自攻螺钉连接

φ80钢管与角钢焊接

模板与电箱用M10自攻螺钉连接

1400～1600

400

图 1-46　固定式开关箱示意图

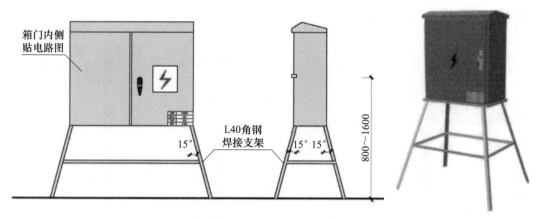

图 1-47　移动式开关箱示意图

（二）设备的通断电和开关箱的使用

1. 设备的通、断电

1）设备通、断电的步骤

施工现场设备在使用过程中，必须按照下述步骤通、断电：

通电操作步骤：总配电箱→分配电箱→开关箱。

断电操作步骤：开关箱→分配电箱→总配电箱（出现电气故障和紧急情况除外）。

2）设备通、断电的要求

（1）通电之前，必须检查设备和电线路是否完好，有无损坏和缺陷；检查设备插头是否插紧；查看设备的开关是否处于关闭状态，否则突然通电会造成设备和人员的安全隐患。

（2）设备断电前，应提前告知相关人员，设备停止运行，避免设备在运行状态下突然断电而造成损坏。

（3）对配电箱、开关箱进行定期维修、检查时，必须将其前一级相应的电源隔离开关分闸断电，并应悬挂"禁止合闸、有人工作"停电标志牌，严禁带电作业。

（4）对手持电动工具、搅拌机、钢筋加工机械、木工机械等设备进行清理、检查、维修时，必须首先将其开关箱分闸断电，呈现可见电源分断点，并关门上锁。

（5）工作中如遇中途断电后再复工时，应重新检查所有用电安全措施，一切正常后，方可重新开始工作。

2. 现场机具开关箱的使用

配电箱及开关箱在使用过程中需注意下列事项：

（1）配电箱、开关箱必须防雨、防尘。施工现场停止作业 1h 以上时，应将动力开关箱断电上锁。配电箱、开关箱周围应有足够两人同时工作的空间和通道。

（2）进入开关箱的电源线，严禁用插销连接。所有配电箱均应标明名称、用途，并作出分路标记。所有配电箱门应配锁，配电箱和开关箱应由专人负责。

（3）配电箱、开关箱内的连接线应采用绝缘导线，接头不得松动，不得有外露带电部分。

（4）配电箱和开关箱金属箱体、金属电器安装板以及箱内电器的不应带电底座、外壳等必须作保护接零。保护零线应通过接线端子板连接。各种开关电器的额定值应与其控制用电设备的额定值适应。

（5）开关箱中必须装设漏电保护器。漏电保护器应装设在配电箱电源隔离开关的负荷侧和开关箱电源隔离开关的负荷侧。

（6）手动开关电器只许用于直接控制照明电路和容量不大于 5.5kW 的动力电路。容量大于 5.5kW 的动力电路采用自动开关电器或降压启动装置控制。

（7）配电箱、开关箱内的电器必须可靠完好，不准使用破损、不合格的电器。

【小贴士】所有配电箱、开关箱应每月进行检查和维修一次。检查、维修人员必须是专业电工。检查、维修时必须按规定穿戴绝缘鞋、手套，必须使用电工绝缘工具。对配电箱、开关箱进行检查、维修时，必须将其前一级相应的电源开关分闸断电，并悬挂停电标志牌，严禁带电作业。

第一节　测量

【小贴士】工程量是以物理计量单位或自然计量单位表示的各个分项工程和结构构件的数量。物理计量单位一般是指以公制度量表示的长度、面积、体积和重量等。如楼梯扶手以"米"为计量单位；墙面抹灰以"平方米"为计量单位；混凝土以"立方米"为计量单位；钢筋的加工、绑扎和安装以"吨"为计量单位等。自然计量单位主要是指以物体自身为计量单位来表示工程量。如直螺纹套筒以"个"为计量单位；设备安装工程以"台""套""组""个""件"等为计量单位。

（一）建筑尺寸一般知识

（1）房间开间。房间开间指相邻两面墙之间的水平距离，即房间的宽度。房间开间的常见范围有：小型住宅 2.7～3.0m；中型住宅 3.3～3.6m；大型住宅 3.9～5.4m。

（2）房间进深。房间进深指房间的长度，即从前墙到后墙的距离。房间进深的常见范围有：小型住宅 3.6～4.5m；中型住宅 4.8～6.0m；大型住宅 6m 以上。

（3）柱的截面。柱的截面尺寸取决于其所承受的荷载、建筑高度和结构形式。常见的柱截面形状有矩形和圆形，尺寸范围如下：矩形截面的尺寸通常为 300～800mm；圆形截面的直径通常为 300～1000mm。

（4）墙体厚度。常见的墙体厚度有：半砖墙为 120mm；一砖墙为 240mm；一砖半墙为 370mm；两砖墙为 490mm。

（5）梁的高度。梁的高度是根据跨度、荷载和建筑结构要求来确定的。常见的梁高尺寸有：小型梁 200～400mm；中型梁 400～800mm；大型梁 800mm 以上。

（6）梁的宽度。梁的宽度通常与梁的高度保持一定的比例，以保证梁的结构性能。常见的梁宽尺寸为 200～400mm。

（7）楼板厚度。楼板的厚度取决于其材料、跨度、荷载等因素。常见的楼板厚度有：钢筋混凝土楼板100～150mm；轻质楼板（如木质、金属等）根据所选材料的不同，厚度通常为10～100mm。

（8）楼梯尺寸。踏步常见的尺寸为150mm×300mm；楼梯净宽不小于1100mm，不大于2400mm。

（9）门窗尺寸。门的宽度通常为0.8～1.2m，高度通常为1.9～2.4m；常见门的尺寸：单门900mm×2400mm，双门1200mm×2400mm、1500mm×2400mm、1800mm×2400mm、2100mm×2400mm。窗的宽度通常为1.0～2.0m，高度通常为1.2～2.4m。

（二）单位的区分

常用的基本单位有长度单位、角度单位、重量单位、面积单位、容积单位等。

1. 长度单位的区分

长度单位常用千米（km）、米（m）、分米（dm）、厘米（cm）、毫米（mm）等。长度单位在各个领域都有重要的作用。

2. 角度单位的区分

角度用于描述角的大小，度是用以度量角的大小的单位，符号为"°"。一周角分为360等份，每份为1度（1°）。1°分为60等份，每份为1分（1′）。1′再分为60等份，则每份为1秒（1″）。

3. 重量单位的区分

重量单位常用吨（t）、千克（kg）、克（g）、毫克（mg）等，一般用电子秤或磅秤等进行称重操作。这里所说的重量，实际上是质量，在日常生活中，也常说重量是多少公斤或斤。

4. 面积单位的区分

面积单位常用平方毫米（mm^2）、平方厘米（cm^2）、平方分米（dm^2）、平方米（m^2）、公顷（hm^2）、平方千米（km^2）。常见平面图形的面积计算公式列举如下：

长方形（矩形）：长方形（矩形）面积＝长×宽＝ab

正方形：正方形面积＝边长×边长＝a^2

平行四边形：平行四边形面积＝底×高＝ah

三角形：三角形面积＝底×高÷2＝$ah/2$

梯形：梯形面积＝（上底＋下底）×高÷2＝$(a+b)h/2$

圆形：圆形面积＝圆周率×半径×半径＝πr^2

5. 容积单位的区分

容积单位常用升（L）和毫升（mL），也用立方米（m^3）、立方分米（dm^3）、立方厘米（cm^3）等，其中 $1dm^3 = 1L$，$1cm^3 = 1mL$。常见立体图形的容积计算公式列举如下：

长方体：长方体容积＝长×宽×高＝abh

正方体：正方体容积＝棱长×棱长×棱长＝a^3

圆柱体：圆柱体容积＝底面积×高＝$\pi r^2 h$

圆锥体：圆锥体容积＝底面积×高÷3＝$\pi r^2 h/3$

（三）单位的换算

1. 长度单位的换算

主要长度单位之间的换算关系见表2-1。

主要长度单位换算表　　　　　　　　　　　　　表 2-1

单位	公制					市制			
	米（m）	分米（dm）	厘米（cm）	毫米（mm）	千米（km）	市寸	市尺	市丈	市里
1m	1	10	100	1000	$1×10^{-3}$	30	3	0.3	0.002
1dm	0.1	1	10	100	$1×10^{-4}$	3	0	0.03	$2×10^{-4}$
1cm	0.01	0.1	1	10	$1×10^{-5}$	0.3	0.03	0.003	$2×10^{-5}$
1mm	0.001	0.01	0.1	1	$1×10^{-6}$	0.03	0.003	0.0003	$2×10^{-6}$
1km	1000	10000	$1×10^5$	$1×10^6$	1	30000	3000	300	2
1市寸	0.033	0.33	3.33	33.33	$3.33×10^{-5}$	1	0.1	0.01	$6.67×10^{-5}$
1市尺	0.33	3.33	33.33	333.33	$3.33×10^{-4}$	10	1	0.1	$6.67×10^{-4}$
1市丈	3.33	33.33	333.33	3333.33	$3.33×10^{-3}$	100	10	1	$6.67×10^{-3}$
1市里	500	5000	50000	$5×10^5$	0.5	15000	1500	150	1

2. 角度单位的换算

常用角度单位之间的换算关系见表2-2。

常用角度单位换算表 表2-2

单位	角度		
	度（°）	分（′）	秒（″）
1°	1	60	3600
1′	1/60	1	60
1″	1/3600	1/60	1

3. 质量单位的换算

常用公制与市制质量单位之间的换算关系见表2-3。

常用公制与市制质量单位换算表 表2-3

单位	公制			市制		
	千克（kg）	克（g）	吨（t）	两	斤	担
1kg	1	1000	0.001	20	2	0.02
1g	0.001	1	1.0×10^{-6}	0.02	0.002	0.2×10^{-4}
1t	1000	1000000	1	20000	2000	20
1两	0.05	50	0.5×10^{-4}	1	0.1	0.001
1斤	0.5	500	0.0005	10	1	0.01
1担	50	50000	0.05	1000	100	1

4. 面积单位的换算

常用公制与市制面积单位之间的换算关系见表2-4。

常用公制与市制面积单位换算表 表2-4

单位	公制			市制		
	平方米（m²）	公顷（hm²）	平方千米（km²）	亩	分	厘
1m²	1	0.0001	0.000001	0.0015	0.015	0.15
1hm²	10000	1	0.01	15	150	1500
1km²	1000000	100	1	1500	15000	150000
1亩	666.$\dot{6}$	0.0$\dot{6}$	0.000$\dot{6}$	1	10	100
1分	66.$\dot{6}$	0.00$\dot{6}$	0.0000$\dot{6}$	0.1	1	10
1厘	6.$\dot{6}$	0.000$\dot{6}$	0.000006$\dot{}$	0.01	0.1	1

5. 容积单位的换算

常用容积单位之间的换算关系见表2-5。

常用容积单位换算表   表 2-5

单位	立方米（m³）	立方分米（dm³）	立方厘米（cm³）	升（L）	毫升（mL）
1m³	1	1000	1000000	1000	1000000
1dm³	0.001	1	1000	1	1000
1cm³	0.000001	0.001	1	0.001	1
1L	0.001	1	1000	1	1000
1mL	0.000001	0.001	1	0.001	1

第二节　放线

（一）放线工具的使用

1. 放线方法的选用

常规放线主要依据解析几何法先进行内业计算后，再用经纬仪与钢卷尺联合放线。常见的放线方法主要有直接拉线法、几何作图法、直角坐标法、极坐标法、直角坐标和计算机辅助法等。各种方法的特点见表 2-6。

放线方法比较   表 2-6

方法	优点	缺点	局限性
直接拉线法	操作简便	精度不高	用于表面平整
几何作图法	施工麻烦，桩点多	精度不高	受场地影响大
直角坐标法	施工操作方便	内业计算量大，易出错	桩点较多
极坐标法	施工操作方便	内业计算量大，易出错	桩点较多
直角坐标和计算机辅助法	施工简便，精度较高，内业计算工作量小		不受施工场地限制，自动校正

2. 放线工具的使用

常用放线工具有钢卷尺、经纬仪、水准仪、全站仪、激光水平仪等。

1）钢卷尺

钢卷尺尺宽 1～1.5cm，长度有 20m、30m、50m 等。常用的钢卷尺全尺刻有毫米分划，在每厘米、每分米及每米的分划线处均注有数字。由于钢卷尺的零点位置不同，又分为端点尺与刻线尺。端点尺如图2-1（a）所示，是以钢卷尺的外端点为零点。刻线尺如图2-1（b）所示，在尺的起始端刻有一细线作为尺的零点。

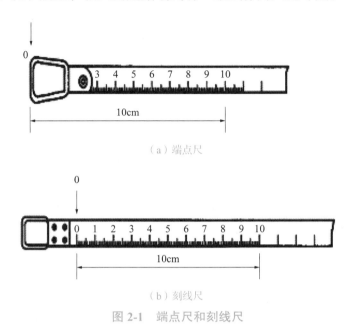

（a）端点尺

（b）刻线尺

图2-1　端点尺和刻线尺

2）经纬仪

经纬仪的结构如图2-2所示。经纬仪的操作如下：

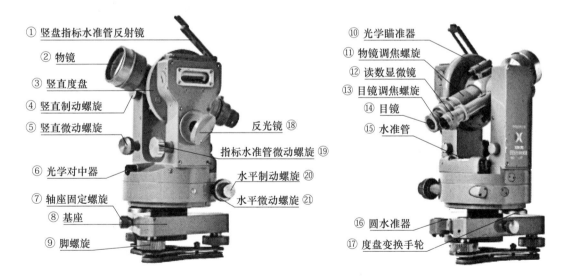

① 竖盘指标水准管反射镜
② 物镜
③ 竖直度盘
④ 竖直制动螺旋
⑤ 竖直微动螺旋
⑥ 光学对中器
⑦ 轴座固定螺旋
⑧ 基座
⑨ 脚螺旋

反光镜 ⑱
指标水准管微动螺旋 ⑲
水平制动螺旋 ⑳
水平微动螺旋 ㉑

⑩ 光学瞄准器
⑪ 物镜调焦螺旋
⑫ 读数显微镜
⑬ 目镜调焦螺旋
⑭ 目镜
⑮ 水准管
⑯ 圆水准器
⑰ 度盘变换手轮

图2-2　经纬仪的结构

（1）安置经纬仪

安置仪器时，先张开三脚架，放在测站点上，使脚架头大致水平，架头中心大致对准测站标志，同时注意使脚架的高度适中，以便观测；然后装上仪器，旋紧中心连接螺旋。

（2）经纬仪的对中

调节好光学对中器⑥，固定三脚架的一条腿于适当位置作为支点，两手分别握住另外两条腿提起并作前后左右的微小移动；在移动的同时，从光学对中器⑥中观察，使地面标志中心成像于对中器的中心小圆圈内，然后放下两架腿，固定于地面上。其对中误差一般小于 1mm。

（3）经纬仪的整平

整平分为粗平和精平。粗平方法：调节伸缩三脚架腿直至使仪器圆水准器⑯气泡居中；精平步骤为：转动脚螺旋⑨使照准部管水准器（水准管⑮）气泡居中，从而保证仪器的竖轴竖直和水平度盘水平。整平时，转动仪器的照准部，使水准管⑮平行于任意一对脚螺旋⑨的连线，左、右手转动脚螺旋，使气泡居中。再将仪器绕竖轴旋转 90°，使管水准器（水准管⑮）与原两脚螺旋的连线垂直，转动第三只脚螺旋，使气泡居中，如图 2-3 所示。

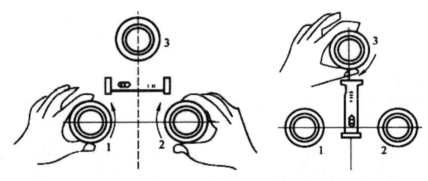

图 2-3　经纬仪的整平

只有连续两次将仪器绕竖轴旋转 90° 后，管水准器（水准管⑮）仍然居中，方为合格；否则，依照上述方法继续调整，直至合格为止。

（4）经纬仪的瞄准与读数

瞄准：首先是目镜⑭调焦，把望远镜对着明亮的背景，转动目镜调焦螺旋⑬，使望远镜十字丝成像清晰；再进行粗略瞄准，松开经纬仪的水平制动螺旋⑳和竖直制动螺旋④，转动望远镜，通过粗瞄准器照准目标的底部，调整物镜调焦螺旋⑪，使目标成像清晰，拧紧水平制动螺旋⑳和竖直制动螺旋④。调整水平微动螺旋㉑和竖直微动螺旋⑤，使单根十字丝竖丝与目标中线重合，双根十字丝竖丝夹准目标，十字丝的中丝与目标点相切。

读数：瞄准目标后，打开采光窗，调整反光镜的位置，使读数窗明亮，再调整读数显微镜调焦螺旋，使读数清晰，根据读数装置来正确读取读数。同时，记录员将所测方向读数值记录在测量手簿中。

3）水准仪

水准仪结构图如图 2-4 所示。水准仪的操作如下：

（1）安置水准仪

在测站上安置三脚架，调节架腿使其高度适中，目估使架头大致水平，检查脚架伸缩螺旋是否拧紧。打开仪器箱，取出水准仪置于三脚架头上，用连接螺旋把水准仪与三脚架头固定连接在一起，如图 2-5 所示。安置时，一手扶住仪器，一手用中心连接螺旋将仪器牢固地连接在三脚架上，以防仪器从架头滑落。

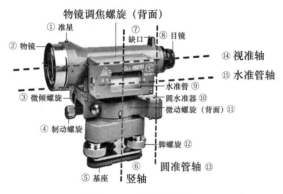

图 2-4　水准仪结构图　　　　图 2-5　水准仪架设

（2）水准仪粗略整平

先将三脚架中的两架脚踏实，然后操纵第三架脚左右、前后缓缓移动，使圆水准器⑩气泡基本居中，再将此架脚踏实，然后调节脚螺旋⑫使气泡完全居中。调节脚螺旋⑫的方法如图 2-6 所示，在整平过程中，气泡移动的方向与左手（右手）大拇指转动方向一致（相反）。有时要按上述方法反复调整脚螺旋，才能使气泡完全居中。

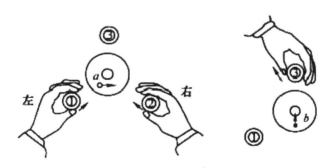

图 2-6　圆水准器气泡居中

（3）水准仪瞄准水准尺

a. 首先进行目镜⑧对光，即把望远镜对着明亮背景，转动目镜调焦螺旋使十字丝成像清晰。

b. 松开制动螺旋④，转动望远镜，用望远镜筒上部的准星①和照门大致对准水准尺后，拧紧制动螺旋④。

c. 从望远镜内观察目标，调节物镜②调焦螺旋，使水准尺成像清晰。

d. 最后用微动螺旋⑪转动望远镜，使十字丝竖丝对准水准尺的中间稍偏一点，以便进行读数。

（4）消除水准仪视差

消除视差的方法是反复进行目镜⑧和物镜②调焦。直至眼睛上、下移动，读数不变为止。此时，从目镜⑧端所见十字丝与目标成像都十分清晰。

（5）水准仪的精平与读数

a. 精确整平。调节微倾螺旋③，使目镜⑧左边观察窗内的符合水准器的气泡两个半边影像完全吻合，这时水准仪视准轴⑭处于精确水平位置。精平时，由于气泡移动有一个惯性，所以转动微倾螺旋③的速度不能太快。只有符合气泡两端影像完全吻合而又稳定不动，才表示水准仪视准轴⑭处于精确水平位置。带有水平补偿器的自动安平水准仪不需要这项操作。

b. 读数。符合水准器气泡居中后，即可读取十字丝中丝在水准尺上的读数。直接读出米、分米和厘米，估读出毫米。一般的水准仪多采用倒像望远镜，因此读数时应从小到大，即从上往下读。也有正像望远镜，读数与此相反。

c. 精确整平与读数虽是两个不同的操作步骤，但在水准测量的实施过程中，却把两项操作视为一体，即精平后再进行读数。读数后还要检查水准管⑨气泡是否完全符合，只有这样，才能读取准确的读数。

d. 当改变望远镜的方向做另一次观测时，水准管⑨气泡可能偏离中央，必须再次调节微倾螺旋③，使气泡吻合才能读数。

（6）普通水准仪一般性检验

a. 水准仪校正之前，应先进行一般性的检验，检查各主要部件是否能起有效的作用。

b. 安置仪器后，应检验望远镜成像是否清晰，物镜②对光螺旋和目镜⑧对光螺旋是否有效，制动螺旋④、微动螺旋⑪、微倾螺旋③是否有效，脚螺旋⑫是否有效，三脚架是否稳固等。

4）全站仪

用全站仪放样的步骤包括测量准备、建站定向、设置放样点坐标和实施放样。

（1）测量准备

全站仪放样用到的仪器工具如图 2-7 所示。

在测站点 A 安置全站仪，对中整平，在后视点 B 竖立棱镜，如图 2-8 所示。

（2）建站定向

点击"建站"，进行已知点建站和后视检查，完成建站定向，如图 2-9 所示。

输入测站点坐标，如图 2-10 所示。

图 2-7　全站仪坐标放样仪器工具

图 2-8　全站仪放置

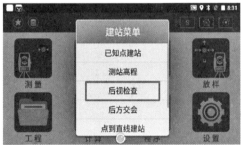

图 2-9　建站定向

图 2-10　输入测站点坐标

设置后视点坐标或方位角，如图 2-11 所示。

照准后视，进行后视点设置，完成建站，如图 2-12 所示。

（3）设置放样点坐标

进入点放样界面，输入或者调取放样点坐标，如图 2-13 所示。

图 2-11　设置后视点

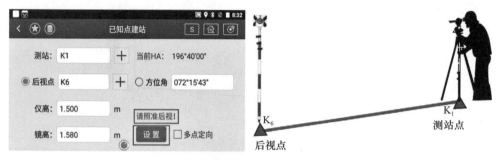

图 2-12　照准后视

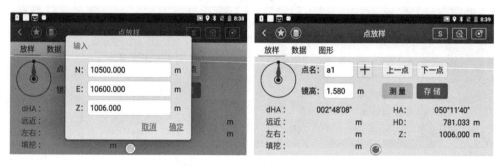

图 2-13　设置放样点坐标

（4）实施放样

旋转仪器直到 dHA 为 0°00′00″，指挥立尺员移动棱镜。程序自动计算，得到棱镜前后移动的距离。根据提示，不断反复"测量"并移动棱镜直到 dHA 和前后、挖填全部为 0，则找到放样点。如图 2-14 所示。

图 2-14　实施放样

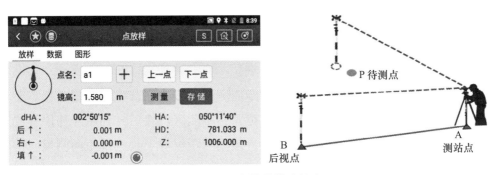

图 2-14 实施放样（续）

5）激光水平仪

激光水平仪是一种智能化显示装置仪器，通过投射光线，直观地展示区域水平、垂直情况，常搭配脚架使用，如图 2-15 所示。

激光水平仪的使用方法很简单，首先打开开关，水平仪上一般有自动校正系统，如果不平它会自动发出声音，水平之后就没有声音了。测量时，待气泡完全静止后方可进行读数。

为避免由于水平仪零位不准引起的测量误差，使用前必须对水平仪的零位进行校对。

激光水平仪的使用可扫描二维码观看视频 2-1。

图 2-15 激光水平仪

视频 2-1 激光水平仪的使用

（二）现场放线与图纸位置的对应

1. 测量放线基本知识

1）控制点

在进行测量放线工作之前，首先需要选取合适的控制点。一般来说，控制点应选取在不易受外界干扰、视野开阔且能长期保存的地方。埋设控制点时，需采用坚固的基座和标志，确保点位的稳定和长期有效。

2）放线

放线主要包括设置导线、角度测量和距离测量等步骤。首先，根据工程需要和设计要求，合理设置导线网，确保导线能够覆盖整个测区。然后，利用经纬仪等仪器进行角度测量，确保导线网的准确性。同时，使用测距仪等工具进行距离测量，精确计算各导线点的坐标。

3）沉降观测

在工程建设和使用过程中，由于地基土质的差异、施工荷载的变化等因素，建筑物可能会出现沉降现象，需通过沉降观测及时发现安全隐患。在进行沉降观察时，需要选择合适的观测点，定期测量各点的高程变化，绘制沉降曲线图，分析建筑物的沉降趋势和速率。

4）拉线和弹线方法

为保证放线精度，放线时需注意采用正确的弹线方式。工人用手把线掂起来的时候，要保证线所在的平面和被弹线的面呈 90° 直角，否则线就会弯。若是两个人拉线，站在同一侧或者不同侧都是错误的，要面对面站立，如图 2-16 所示。

铅笔画好点后，一个人按在点上，另一个负责弹线的人拉线的时候则要把线延长一点。弹线的人把线掂起来，闭上一只眼睛，另一只眼睛瞄准，眼睛、线绳和铅笔画的点三点成一线，如图 2-17 所示。

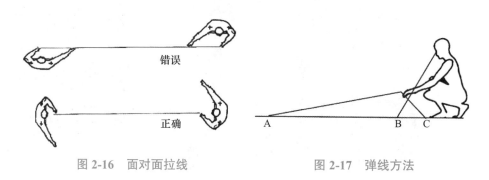

图 2-16　面对面拉线　　　　　　图 2-17　弹线方法

2. 现场放线与图纸位置的对应

现场放线与图纸位置对应最直观的方法就是先把现场的方位与图纸结合起来，找出图纸和现场的对应点，比如柱、结构墙等，从这些地方开始，按图纸所标明的尺寸放线。如果遇到图纸与现场实际不符合的情况，必须做好记录，在现场验线时提出。

施工现场放线与图纸位置对应的方法如下：

（1）进场后首先对房主提供的施工图进行复核，以确保设计图纸尺寸无误。

（2）按照图纸的设计要求并结合现场条件，建立控制坐标和水准点。水准点由永久水准点引入，应采取保护措施，确保水准点不被破坏。

（3）对现场的坐标和水准点进行检查，发现误差过大时应进行处理，经确认后方可正式定位放线。

（4）取工程纵横向的主轴线作为现场控制网轴线，组成现场控制网。工程的其他轴线依据主轴线位置确定。

（5）工程定位后要对照图纸进行复核验收，合格后方可开始施工。

3. 工程案例

实际工程放线案例如图 2-18 所示。

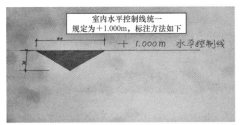

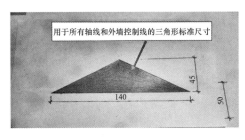
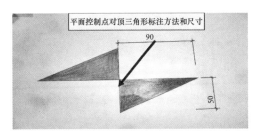
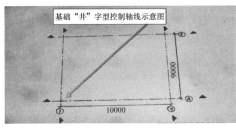

图 2-18　实际工程放线案例

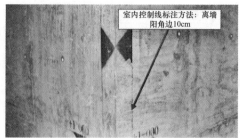

图 2-18　实际工程放线案例（续）

第三章 房屋工程施工

第一节 加工制作

（一）试块的制作

1. 砂浆试块的制作及养护

1）砂浆试块的制作

制作砌筑砂浆试块时，将无底试模置于铺有一层吸水性较好的湿纸的普通黏土砖上（砖的吸水率不小于10%，含水率不大于20%），试模内壁事先涂刷薄层机油或脱模剂。湿纸应为新鲜纸（或其他未粘过胶凝材料的纸）。砖的使用面要求平整，凡砖四个垂直面粘过水泥或其他胶凝材料的，不允许使用。如图3-1所示。

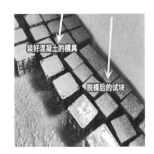

图 3-1 砂浆试块制作

向试模内一次注满砂浆，用捣棒均匀由外向里按螺旋方向插捣25次。为了防止低稠度砂浆插捣后可能留下孔洞，允许用油灰刀沿模壁插捣数次，使砂浆高出试模顶面6～8mm。当砂浆表面开始出现麻斑状态时（15～30min），将高出的砂浆沿试模顶面削去抹平。

2）砂浆试块的养护

砂浆养护期间，试块彼此间隔不少于10mm。当无标准养护条件时，可采用自然养护。水泥混合砂浆应在温度为正温度，相对湿度为60%～80%的条件下（如养护箱中或不通风的室内）养护。水泥砂浆和微沫砂浆应在温度为正温度，并保持试块表面湿润的状态下（如湿砂堆中）养护。养护期间必须做好温度记录，在有争议时，以标准养护条件为准。如图 3-2 所示。

图 3-2　砂浆试块养护

2. 混凝土试块的制作及养护

1）混凝土试块的制作

混凝土试块制作取样应在混凝土的浇筑地点由监理见证随机抽取，取样与试块的留置应符合：不超过 100m³ 的同配合比的混凝土，取样不得少于一次；每工作班的同一配合比的混凝土，取样不得少于一次；当一次连续浇筑超过 1000m³ 时，同一配合比的混凝土每 200m³ 取样不得少于一次；每一楼层、同一配合比的混凝土，取样不得少于一次；每次取样应至少留置一组标准养护试件，同条件养护试件的留置组数应根据实际需要或混凝土试块制作计划确定。混凝土试块的制作如图 3-3 所示。

图 3-3　混凝土试块制作

2）混凝土试块的养护

（1）同一强度等级的同条件养护试件，其留置的数量应根据混凝土工程量和重要性决定，不宜少于 10 组，且不应少于 3 组；

（2）同条件养护试件拆模后，应放置在靠近相应结构构件或结构部位的适当位置，并应采取相同的养护方法；

（3）等效养护龄期可取按日平均温度逐日累计达到 600℃·天时所对应的龄期，0℃及以下的龄期不计入；等效养护龄期不应小于 14 天，也不宜大于 60 天。混凝土试块养护如图 3-4 所示。

图 3-4　混凝土试块养护

（二）防水附加层的制作

1. 防水材料的基本知识

建筑防水材料按其材性和外观形态分为：防水卷材、防水涂料、防水混凝土、防水砂浆、密封材料和止水材料，如图 3-5～图 3-10 所示。

1）防水卷材

防水卷材是指可卷曲成卷状的柔性防水材料，常用的防水卷材有高聚物改性沥青防水卷材和合成高分子防水卷材两大系列。传统的沥青防水卷材因存在拉伸强度低、延伸率小、耐老化性差、使用寿命短等缺点，已不用于建筑物的防水层中。

2）防水涂料

防水涂料是一种流态或半流态物质，涂布在基层表面，经溶剂或水分挥发或各组分间的化学反应，形成有一定弹性和一定厚度的连续薄膜，使基层表面与水隔绝，起到防水、防潮作用。

图 3-5　防水卷材　　　　　图 3-6　防水涂料

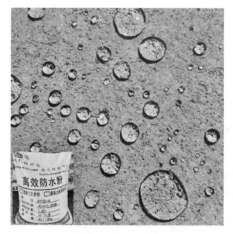

图 3-7　防水混凝土

图 3-8　防水砂浆

图 3-9　密封材料

图 3-10　止水材料

　　防水涂料按液态分为水乳型、溶剂型和反应型三种；按成膜物质的主要成分可分为沥青类、高聚物改性沥青类和合成高分子类；按涂膜厚度可分为薄质涂料施工和厚质涂料施工。水乳型、溶剂型和反应型防水涂料性能比较见表 3-1。

水乳型、溶剂型和反应型防水涂料性能比较　　　　　　　　表 3-1

类型	性能
水乳型	涂料的主要成膜物质悬浮在水中形成乳液状涂料，涂膜通过水分蒸发、乳胶颗粒接近、接触、变形等过程而形成，因而涂膜干燥慢，一次成膜致密性较低，储存期较短，不宜在低温下施工，无毒、无污染，成本较低
溶剂型	涂料通过溶剂的挥发、高分子材料分子链接触、搭接等过程成膜，具有涂料干燥快、结膜较薄而致密的特点，生产工艺简单，涂料储存稳定性较好，但易燃、易爆、有毒
反应型	涂料通过主要成膜物质高分子预聚物与固化剂发生化学反应而结膜，可一次结成较厚的涂膜，涂膜致密且无收缩，但须配料准确、搅拌均匀，才能保证质量，各组分应分开密封储存，成本较高

　　3）防水混凝土

　　（1）水泥

用于防水混凝土的水泥应符合下列规定：

① 水泥品种宜采用硅酸盐水泥、普通硅酸盐水泥，采用其他品种水泥时应经试验确定；

② 在受侵蚀性介质作用时，应按介质的性质选用相应的水泥品种；

③ 不得使用过期或受潮结块的水泥，并不得将不同品种或不同强度等级的水泥混合使用。

（2）矿物掺合料

① 粉煤灰的品质应符合现行国家标准《用于水泥和混凝土中的粉煤灰》GB/T 1596—2017 的有关规定，粉煤灰的级别不应低于 Ⅱ 级，烧失量不应大于 5%，用量宜为胶凝材料总量的 20%～30%，当水胶比小于 0.45 时，粉煤灰用量可适当提高；

② 硅粉的品质应符合表 3-2 的要求，用量宜为胶凝材料总量的 2%～5%；

硅粉品质要求　　　　　　　　　　　　　表 3-2

项目	指标
比表面积（m^2/kg）	≥ 15000
二氧化硅含量（%）	≥ 85

③ 粒化高炉矿渣粉的品质要求应符合现行国家标准《用于水泥、砂浆和混凝土中的粒化高炉矿渣粉》GB/T 18046—2017；

④ 使用复合掺料时，其品质和用量应通过试验确定。

（3）砂、石

用于防水混凝土的砂、石，应符合下列规定：

① 宜选用坚固耐久、粒形良好的洁净石子；最大粒径不宜大于 40mm，泵送时其最大粒径不应大于输送管径的 1/4；吸水率不应大于 1.5%；不得使用碱活性骨料；石子的质量要求应符合国家现行标准《普通混凝土用砂、石质量及检验方法标准》JGJ 52—2006 的有关规定；

② 砂宜选用坚硬、抗风化性强、洁净的中粗砂，不宜使用海砂；砂的质量要求应符合国家现行标准《普通混凝土用砂、石质量及检验方法标准》JGJ 52—2006 的有关规定。

（4）其他材料

① 用于拌制混凝土的水，应符合国家现行标准《混凝土用水标准》JGJ 63—2006 的有关规定；

② 防水混凝土可根据工程需要掺入减水剂、膨胀剂、防水剂、密实剂、引气剂、复合型外加剂及水泥基渗透结晶型材料，其品种和用量应经试验确定，所用外加剂的技术性能应符合国家现行有关标准的质量要求；

③ 防水混凝土可根据工程抗裂需要掺入合成纤维或钢纤维，纤维的品种及掺量应通过试验确定；

④ 防水混凝土中各类材料的总碱量（Na$_2$O当量）不得大于3kg/m^3；氯离子含量不应超过胶凝材料总量的0.1%。

4）防水砂浆

防水砂浆包括聚合物水泥防水砂浆、掺外加剂或掺合料的防水砂浆，宜采用多层抹压法施工。水泥砂浆防水层可用于地下工程主体结构的迎水面或背水面，不可用于受持续振动或温度高于80℃的地下工程防水。水泥砂浆防水层应在基础垫层、初期支护、围护结构及内衬结构验收合格后施工。

水泥防水砂浆的品种和配合比设计应根据防水工程要求确定。聚合物水泥防水砂浆的厚度，单层施工时宜为6~8mm，双层施工时宜为10~12mm；掺外加剂或掺合料的水泥防水砂浆的厚度宜为18~20mm。水泥砂浆防水层的基层混凝土强度或砌体用的砂浆强度均不应低于设计值的80%。

5）密封材料

密封材料按外形一般分为定型防水密封材料和不定型防水密封材料两类。定型防水密封材料包括皮革、软金属、橡胶或塑料密封条、密封垫等；不定型防水密封材料包括各种弹性或塑性密封胶。密封材料按材质一般分为合成高分子密封材料和改性沥青密封材料两类。常用密封材料如图3-11所示。

 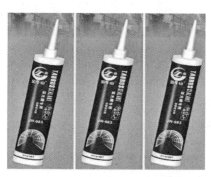 

密封条　　　　　　　　密封胶　　　　　　　　密封膏

图3-11　密封材料

6）止水材料

止水材料主要用于地下建筑物或构筑物的变形缝、施工缝等部位的防水。目前常用的有止水带和遇水膨胀橡胶止水条等，一般以止水带为主，止水条为辅。

（1）止水带

止水带在两侧混凝土产生变形的状况下，以材料弹性和结构形式来适应混凝土的变形，随着变形缝的变化而拉伸挤压以达到止水作用。常用止水带如图3-12所示。

橡胶止水带

塑料止水带

复合橡胶止水带

遇水膨胀止水带

钢板腻子止水带

金属板止水带

图 3-12 常用止水带

（2）止水条

止水条由高分子无机吸水膨胀材料和橡胶混炼而成，适用于地下建筑混凝土工程施工缝的止水堵漏，在水达到止水条位置时，遇水后膨胀，把缝隙封死，以达到止水的目的。常用止水条如图 3-13 所示。

橡胶型遇水膨胀止水条

腻子型遇水膨胀止水条

加丝网遇水膨胀止水条

图 3-13 常用止水条

2. 防水附加层的制作

在铺设大面积卷材防水层之前，应先按相关规范和设计要求对细部节点部位的防水附加层进行施工，如图 3-14 所示。附加层选用与大面积防水层相同品种的卷材或者采用与卷材相融的涂料（厚度为 2mm）。复杂细部节点附加层也可采用涂膜与卷材复合或密封材料与卷材复合的构造做法。

图 3-14　附加层施工

在防水工程中，基层的三面阴阳角交接部位施工较复杂，当采用单层卷材时，宜在三面相交部位先热熔 50mm×50mm 的卷材，再按标准图样裁剪附加层卷材后再进行粘贴；当采用双层卷材时，宜采用涂膜和卷材复合的附加防水构造措施，即先在附加层区域距角 10mm 处涂抹橡胶沥青防水涂膜材料或密封材料，再按标准图样裁剪附加层卷材后再进行粘贴。

3. 保温材料的加工

在选择原材料时，应保证其密度、厚度、尺寸等参数符合要求，通常采用聚苯乙烯（EPS）或挤塑聚苯乙烯（XPS）作为保温板的材料，如图 3-15 所示。

为适应实际需求，需要对保温板进行切割，保温板的布置如图 3-16 所示，常见的切割方式有手工切割、电动切割、自动化切割等。

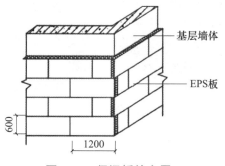

图 3-15　保温板　　　　　　　　图 3-16　保温板的布置

切割步骤首先是测量需要切割的保温板尺寸，标记切割线，可以用尺子、细绳等工具进行标记。将保温板放置在平整的工作台上，用夹子将其固定住，确保切割过程中保温板不会晃动或滑动。根据切割线选择合适的切割工具，开启电动切割机或使用手动切割工具开始切割。在切割过程中，需要注意保持双手稳定，保持切割线的直线性。切割完成后，用手轻轻抚摸保温板的边缘，将杂边、毛刺等清理干净，使其表面光滑。然后按图纸要求设置嵌固带，如图 3-17 所示，待保温板粘贴后 24h 以上，即可安装锚固件，如图 3-18 所示，锚栓与板表面齐平。

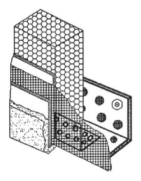

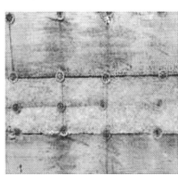

图 3-17　设置嵌固带　　　　　　　图 3-18　安装锚固件

4. 涂料基层的打磨处理

在进行涂料基层打磨之前，确保涂料干透。需要准备的材料和工具有耐水砂纸，根据所需研磨的效果，选择适当的粗砂纸，如图 3-19 所示。打磨过程中产生的粉尘和化学物质会对人体造成伤害，需要佩戴相应的保护装备，比如手套和口罩。在研磨过程中使用研磨液可降低磨损，同时也有助于清洁和抛光。如果需要进行大面积的涂料打磨，使用打磨机可以提高效率和准确度，如图 3-20 所示。

打磨步骤首先是第一遍打磨，使用粗砂纸对表面进行打磨，去除涂料表面的粗糙部分，只剩下一层薄薄的涂料。第二遍打磨，使用中等粗细的砂纸进行第二遍打磨，使表面更加平滑。在此过程中，确保打磨方向与涂料表面方向一致，避免磨出擦痕或划痕。第三遍打磨，使用细砂纸进行第三遍打磨，磨去表面所有的划痕和擦痕。如图 3-21 所示。

图 3-19　粗砂纸　　　　图 3-20　打磨机　　　　图 3-21　打磨清理墙面

最后细化打磨，对于需要达到更高的磨光效果，可以使用平板或圆盘打磨机配合磨粉，在涂料表面上进行细化打磨。

第二节　现场施工

（一）基坑土方开挖及回填的基本知识

1. 土方开挖

1）土方施工准备工作

土方施工准备工作包括：踏勘现场；熟悉图纸、编制施工方案；清除现场障碍物，平整施工场地，进行地下墓探，设置排水降水设施；永久性控制坐标和水准点的引测，建立测量控制网，设置方格网、控制桩等；搭设临时设施、修筑施工道路；施工机具、用料准备等。如图 3-22 所示。

（a）踏勘现场

（b）编制施工方案

（c）场地清表

（d）场地测量

图 3-22　土方施工准备

2）边坡开挖

场地边坡开挖应采取沿等高线自上而下、分层、分段依次进行。在边坡上采取多台阶同时进行开挖时，上台阶应比下台阶开挖进深不少于 30m，以防塌方。

边坡台阶开挖，应做成一定坡势以利泄水。边坡下部设有护脚矮墙及排水沟时，在边坡修完后，应立即进行护脚矮墙和排水沟的砌筑和疏通，以保证坡面不被冲刷和坡脚范围内不积水。如图 3-23 所示。

图 3-23　土方工程的边坡台阶开挖

3）基坑（槽）和管沟开挖

基坑开挖，应进行测量定位、抄平放线，定出开挖宽度，根据土质和水文情况确定在四侧或两侧、直立或放坡开挖，坑底宽度应注意预留施工操作面。如图 3-24 所示。

基坑开挖的一般程序：测量放线→切线分层开挖→排降水→修坡→整平→留足预留土层等。相邻基坑开挖时应遵循先深后浅或同时进行的施工程序，挖土应自上而下水平分段分层进行，边挖边检查坑底宽度及坡度，每 3m 左右修一次坡，至设计标高再统一进行一次修坡清底。如图 3-25 所示。

图 3-24　基坑的切线开挖　　　　　图 3-25　基坑施工全景

基坑开挖应防止对基础持力层的扰动。基坑挖好后不能立即进入下道工序，应预留 15cm（人工）～30cm（机械）一层土不挖，待下道工序开始前再挖至设计标高，以防止持力层土壤被阳光暴晒或雨水浸泡。如图 3-26 所示。

在地下水位以下挖土，应在基坑内设置排水沟、集水井等施工降水措施，降水工作应持续到基础施工完成；雨期施工时基坑槽应分段开挖，挖好一段浇筑一段垫层；弃土应及时运出，在基坑槽边缘上侧临时堆土、材料或移动施工机械时，应与基坑上边缘保持 1m 以上的距离，以保证坑壁或边坡的稳定；基坑挖完后，应组织有业主、设计、勘察、监理四方参与的基坑验槽，并报质监站验证。符合要求后方可进入下一道工序。如图 3-27 所示。

图 3-26　基坑开挖对基础持力层的扰动

图 3-27　四方参与基坑验槽

2. 土方回填

1）填土的要求

回填土含水量过大或过小都难以夯压密实，当土壤在最佳含水量的条件下被压实时，能获得最大的密实度。土壤过湿时，可先晒干或掺入干土；土壤过干时，则应洒水湿润以取得较佳的含水量。如图 3-28 所示。

图 3-28　回填土翻晒

填方工程应分层铺土压实，分层厚度根据压实机具而定。填土应从场地最低部分开始，由一端向另一端自下而上分层铺筑。如图 3-29、图 3-30 所示。斜坡上的土方回填应将斜坡改成阶梯形，以防填方滑动。回填基坑、墙基或管沟时，应从四周或两侧分层、均匀、对称进行，以防基础、墙基或管道在土的压力下产生偏移和变形。如图 3-31、图 3-32 所示。

图 3-29 分层铺土　　　　　　　　图 3-30 逐层压实

图 3-31 管沟须两侧对称分层回填　　图 3-32 墙基须四周分层均匀回填

2）填土的压实方法

填土的压实方法有碾压法、夯实法。

碾压法适用于大面积的场地平整和路基、堤坝工程，用压路机进行填方压实时，填土厚度不应超过 25～30cm，碾轮重量先轻后重，碾压方向应从两边逐渐压向中央，每次碾压应有 15～25cm 的重叠。

夯实法俗称"打夯"，是利用夯锤自由下落的冲击力来夯实土壤。常用的蛙式打夯机、振动打夯机、内燃打夯机适用于黏性较低的土，常用于基坑（槽）、管沟部位的小面积回填土的夯实，也可配合压路机对边缘或边角碾压不到之处进行夯实。填土厚度不大于 25cm，一夯压半夯、依次夯打。如图 3-33、图 3-34 所示。

图 3-33 蛙式打夯机夯实基底持力层　　图 3-34 振动打夯机夯实基底持力层

（二）梁、板、柱混凝土的浇筑

混凝土的浇筑工作包括布料、摊平、捣实和抹面修整等工序。它对混凝土的密实性和耐久性、结构的整体性和外形的正确性等都有重要影响。

1. 浇筑前准备工作

（1）检查模板的标高、位置及严密性，支架的强度、刚度、稳定性，清理模板内垃圾、泥土、积水和钢筋上的油污，高温天气模板宜浇水湿润。如图 3-35 所示。

（2）做好钢筋及预留预埋管线的验收和钢筋保护层检查，做好钢筋工程隐蔽记录。如图 3-36 所示。

（3）准备和检查材料、机具等。如图 3-37 所示。

图 3-35　浇筑前准备工作

图 3-36　钢筋保护层检查

图 3-37　设备、材料检查

2. 混凝土浇筑要求

（1）混凝土须在初凝前浇筑：如已有初凝现象，则应再进行一次强力搅拌方可入模。如混凝土在浇筑前有离析现象，亦须重新拌合才能浇筑。

（2）混凝土浇筑时的自由倾落高度：对于素混凝土或少筋混凝土，由料斗、漏斗进行浇筑时，倾落高度不超过2m；对于竖向结构（柱、墙），倾落高度不超过3m；对于配筋较密或不便于捣实的结构，倾落高度不超过60cm。否则应采用串筒、溜槽和振动串筒下料，以防产生离析。

（3）浇筑竖向结构混凝土前，底部应先浇入50～100mm厚、与混凝土成分相同的水泥砂浆，以避免产生蜂窝、麻面及烂根现象。

（4）坍落度是判断混凝土施工和易性优劣的简单方法，应在混凝土浇筑地点进行坍落度测定，以检测混凝土搅拌质量，防止长时间、远距离混凝土运输引起和易性损失，影响混凝土成型质量。

（5）为使混凝土振捣密实，混凝土必须分层浇筑。

（6）混凝土浇筑应连续进行，由于技术或施工组织原因必须间歇时，其间歇时间应尽可能缩短，并在下层混凝土未凝结前，将上层混凝土浇筑完毕。混凝土运输、浇筑不得超过表3-3的允许间歇时间。

混凝土运输、浇筑允许间歇时间　　　　　　　　　　　　　表 3-3

混凝土强度等级	气温	
	≤ 25℃	> 25℃
C30 及 C30 以下	210min	180min
C30 以上	180min	150min

3. 混凝土浇筑方法

（1）柱子应分段浇筑，每段高度不大于3.5m。

（2）柱子高度不超过3m时，可从柱顶直接下料浇筑，超过3m时应采用串筒或在模板侧面开孔分段下料浇筑。

（3）柱子开始浇筑时应在柱底先浇筑一层50～100mm厚的水泥砂浆或减半石混凝土；柱子混凝土应分层下料和捣实，分层厚度不大于50cm，振动器不得触动钢筋和预埋件。

（4）柱混凝土应一次连续浇筑完毕，浇筑后应停歇1～1.5h，待柱混凝土初步沉实再浇筑梁板混凝土。

（5）浇筑整排柱子时，应按照从两端由外向内的对称顺序浇筑，以防柱模板在横向推力下向一方倾斜。

（6）剪力墙应分段浇筑，每段高度不大于3m。门窗洞口应两侧对称下料浇筑，以防门窗洞口位移或变形。窗口位置应注意先浇窗台下部，后浇窗间墙，以防窗台位置出现蜂窝孔洞。如图3-38所示。

图3-38　剪力墙混凝土浇筑

（7）肋形楼板的梁、板应同时浇筑，浇筑方法应由一端开始用"赶浆法"，即先将梁根据梁高分层浇筑成阶梯形，当达到板底位置时再与板底混凝土一起浇筑，随着阶梯形不断延长，梁、板混凝土浇筑连续向前推进。如图3-39所示。

图3-39　梁、板混凝土浇筑

（三）混凝土表面抹光压面

（1）混凝土表面清洁、清洗后必须要保证表面干燥，否则会对涂料施工和干燥产生不良影响。

（2）底涂要和底面完全贴合，并将混凝土表面毛孔、洞口和裂缝等填满。

（3）面涂一定要选择具有干燥速度快、光泽度高、结实耐磨的优质涂料。

（4）施工刮涂时要横竖交错，不断地用抹刀把表面刮平。如图3-40所示。

（5）在进行收光时，要注意不要磨穿涂料而导致表面损伤。

（6）在施工结束后尽量避免人员和重物在涂料表面上行走或落下，以免损伤表面。

图 3-40　混凝土抹光压面

（四）防水基层的施工

1. 防水基层处理方法

（1）混凝土基层表面的蜂窝、孔洞、麻面需要先用凿子将松散不牢的石子剔掉，用钢丝刷清理干净，浇水湿润后先涂刷素浆再用高强度等级的细石混凝土填实抹平。

（2）基层表面的凹部深度小于 10mm 时，用凿子将其打平或剔成斜坡并凿毛；当凹部深度大于 10mm 时，用凿子先剔成斜坡，用钢丝刷清扫干净，浇水湿润，抹素浆，再用高强度等级的细石混凝土填平。

（3）基层表面的油渍、水渍等杂物要用工具清除，并用吹风机、吸尘器将基层的灰尘清理干净。如图 3-41 所示。

（4）基层的裂缝宽度超过 0.3mm 时应将裂缝剔成 V 形槽，在槽内嵌水泥砂浆或者采用注浆的措施。

图 3-41　防水基层处理

2. 基层处理剂施工要点

（1）使用与主材相融的基层处理剂，可由主材厂家配套供应。

（2）使用专用的施工机具（机械喷涂和人工工具涂刷）在细部节点的基层上先行涂刷，然后在大面基层上涂刷，涂刷应均匀一致，基层处理剂应满涂，不得漏涂（涂布量一般为 0.20～0.30kg/m²）。

（3）基层处理剂干燥后（指触不粘）及时进行卷材铺贴，长时间不进行卷材施工的基面要清理干净并重新涂刷基层处理剂，基层处理剂被损坏的要重新进行涂刷。

（4）基层处理剂涂刷后遇到下雨，需要及时清理积水，基层干燥后才能进行卷材施工；下雨冲刷坏基层处理剂时，要将积水清理后待基层干燥，再对冲刷坏的部位重新涂刷基层处理剂。

（5）基层处理剂涂刷后不能踩踏，未干燥的基面上不能堆放杂物和材料，不能进行下道工序施工，现场必须拉警示线和设置醒目标牌进行提示。防水基层施工要点如图 3-42 所示。

图 3-42　防水基层施工

（五）内外墙抹灰施工

抹灰是指以水泥、石灰膏为胶结材料，掺合砂或装饰性石子，通过与水拌合形成砂浆或石子浆，然后涂抹在建筑物的墙、顶、地、柱等表面上的一种装饰性施工方法。按使用的材料和装修的效果，它分为一般抹灰和装饰抹灰。

1. 一般抹灰构造

为确保抹灰粘结牢固，抹面平整，减少收缩裂缝，抹灰工程是分层进行的。如图 3-43 所示。

（1）底层。与基层起粘结作用，厚 5～7mm；此外，还起初步找平作用，要求基层要达到横平竖直，表面不能凹凸不平，否则，底层的厚度会超过 10mm，不但造成浪费，而且粘结也不牢固；

（2）中层。主要起找平和传递荷载的作用，厚 5～12mm，施工时，要求大面积平整、垂直，表面粗糙，以增加与面层的粘结能力；

（3）面层。主要起装饰作用。室内粉刷时，还要具有反光作用，增加室内亮度，厚 2～5mm。

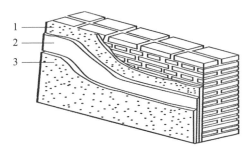

图 3-43 一般抹灰构造示意图

1—底层；2—中层；3—面层

2. 一般抹灰的施工工具（图 3-44）

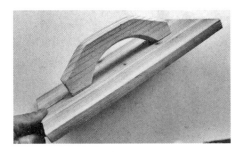

木抹子：抹平压实灰层

塑料抹子：压光纸筋灰等面层

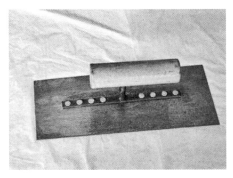

铁抹子：抹底层灰

钢抹子：抹平抹光水泥砂浆面层

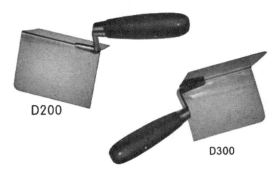

阴角器、阳角器：压光阴阳角

捋角器：捋水泥抱角的素水泥浆

图 3-44 一般抹灰用工具

压板：压光水泥砂浆面层和纸筋灰罩面等

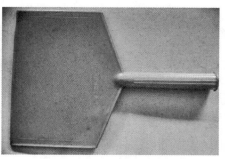

托灰板：作业时承托砂浆

挂线板：用来挂垂直线，板上附有带线坠的标准线

方尺：用来测量阴阳角方正

图 3-44　一般抹灰用工具（续）

3. 一般抹灰施工工艺

一般抹灰的施工顺序，应遵循"先室外后室内、先上面后下面、先顶棚后墙地"的原则。如图 3-45 所示。

（a）先顶棚、墙面，后地面　　（b）先外墙后内墙

图 3-45　一般抹灰顺序

一般抹灰的施工工序为：基层处理→做灰饼、标筋→做护角→抹底层灰→抹中层灰→抹面层灰→清理和养护。

1）基层处理

（1）抹灰前用水泥砂浆或细石混凝土修补脚手架孔洞。

（2）清扫墙面灰尘、浮浆、水泥块等杂物。如图 3-46 所示。

（3）混凝土面超出抹灰完成面时，应该凿除超出部分，保证至少有 7mm 的抹灰层。

（4）需要湿润墙面时，提前 1～2 天浇水湿润，让基层吸水均匀，如图 3-47 所示。

图 3-46　清扫墙面灰尘

图 3-47　浇水湿润

（5）在基层上刷涂或喷涂聚合物水泥砂浆或其他界面处理剂形成拉毛面。

（6）为增强拉结效果，可加入麻刀或纸筋灰。如图 3-48、图 3-49 所示。

图 3-48　麻刀

图 3-49　纸筋灰

2）做灰饼、标筋

根据墙面的平整度和垂直度，决定抹灰厚度（最薄处不小于 7mm），先在墙的上角各做一个标准灰饼（直径约 5cm），然后用托线板吊线做墙下角的灰饼，再挂线每隔 1.2～1.5m 加做若干标准灰饼，上下灰饼之间抹宽度约 10cm 的砂浆冲筋，木杠刮平。如图 3-50 所示。

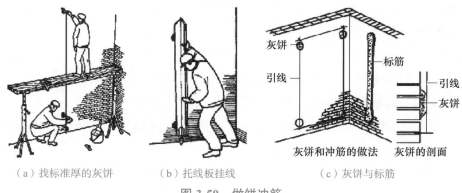

（a）找标准厚的灰饼　　　（b）托线板挂线　　　（c）灰饼与标筋

图 3-50　做饼冲筋

3）做护角

墙面、柱面和门窗洞口的阳角抹灰要线条清晰、挺直，并防止碰坏，故该处应该用 1:2 的水泥砂浆做护角，护角高度从地面算起不小于 2m，砂浆收水稍干后，用抆角器抹成小圆角。如图 3-51 所示。

图 3-51　做护角

4）分层抹灰

底层抹灰厚度一般为 5～9mm，作用是使抹灰层与基层牢固结合，并对基层初步找平，底层涂抹后应间隔一定时间，让其干燥和水分蒸发后再涂抹中间层和罩面层，如图 3-52、图 3-53 所示。

图 3-52　抹底层灰

图 3-53　刮杠挂平

中间层起找平作用，可一次或分次涂抹，厚度约5～12mm，在灰浆凝固前应交叉刻痕，以增强与面层的粘结。

面层厚度一般为2～5mm，应确保表面平整、光滑、无裂纹。

抹灰层厚度一般为15～20mm，最厚不超过25mm。室内墙裙和踢脚板一般要比罩面层凸出3～5mm。在加气混凝土基层上抹灰时，其底层和中间层的灰浆强度宜与加气混凝土强度相近；底层，中层和罩面层灰宜用中砂。水泥砂浆不得抹在石灰砂浆层上。

5）抹中层灰

待底层灰7～8成干（用手指按压有指印但不软）时即可抹中层灰。操作时一般按自上而下、从左向右的顺序进行。

6）抹面层灰

待中层灰7～8成干后即可抹面层灰。先在中层灰上洒水，然后将面层砂浆均匀涂抹上去，一般也应按自上而下、从左向右的顺序。抹满后用钢抹子压实压光。

7）清理和养护

待面层灰硬化后，应将阴、阳角处及门、窗接缝处灰渣清理干净。

对于落地灰应集中收集，用筛网进行过筛，去掉杂物，重新拌合，可用于墙面的底层抹灰或卫生间砂浆保护层。如图3-54所示。

水泥砂浆抹灰层应注意加强养护，应每日检查，防止出现空鼓和裂缝。

（a）夹木尺条　　（b）控制抹灰厚度　　（c）上底灰　　（d）搓平压实　　（e）细部处理

图3-54　抹底层灰

（六）砂浆、混凝土的养护及记录

1. 砂浆的养护

（1）砂浆试验用料可以从同一盘搅拌或同一车运送的砂浆中取出。施工中取样，应在使用地点的砂浆槽、砂浆运送车或搅拌机出料口，至少从三个不同部位采取。所取试样的数量应多于试验用量的1～2倍。砂浆拌合物取样后，应尽快进行试验。现场取来的试样，在试验前应经人工再翻拌，以保证其质量均匀。

（2）砂浆立方体抗压试件每组六块。其尺寸为 70.7mm×70.7mm×70.7mm。试模由铸铁或钢制成。试模应具有足够的刚度，拆装方便。试模内表面应机械加工，其不平度为每 100mm 不超过 0.05mm，组装后各相邻面的不垂直度不应超过 ±0.5°。制作试件的捣棒为直径 10mm、长 350mm 的钢棒，其端头应磨圆。

2. 混凝土的养护

农村房屋混凝土结构施工的养护方法一般采用自然养护。在自然气温条件下（高于＋5℃）采取覆盖浇水养护或塑料薄膜养护。在混凝土浇筑完毕后的 3～12h 内用草帘、麻袋、锯末等将混凝土覆盖，浇水保持湿润。普通水泥、硅酸盐水泥和矿渣水泥拌制的混凝土养护不少于 7 天，掺用缓凝型外加剂和抗渗混凝土养护不少于 14 天。如图 3-55 所示。

图 3-55 基础工程的覆土养护

对于地坪、楼屋面板等大面积结构可采用蓄水养护；对于贮水池一类工程可在拆除内模后采取注水养护；对于地下基础工程可采取覆土养护。

按时填写混凝土养护记录表，一般采用手工填写形式，记录表样式见表 3-4。应注意规范填写格式，如表头、表体等，以便后续查阅和整理。

混凝土养护情况记录表　　　　　　　　　　　　　表 3-4

工程名称		养护部位			
混凝土强度等级		抗渗等级		施工方式	
混凝土浇筑开始时间		混凝土浇筑完毕时间		第一次养护时间	
养护方式		养护天数		第一次荷载时间	

续表

	日　常　养　护　记　录				
工作日	日期	日平均气温	养护方法	养护人签名	见证人签名
1					
2					
3					
……					
混凝土养护情况结论					
质量检查员：				年　　月　　日	

（七）内外墙装饰抹灰施工

装饰抹灰的底层均用 1：3 水泥砂浆打底，厚 15mm。其面层抹灰的做法各不相同。

1. 外墙水刷石

用水泥、石屑、小石子或颜料等加水拌和，抹在建筑物的表面，半凝固后，用硬毛刷蘸水刷去表面的水泥浆而使石屑或小石子半露。水刷石也叫"汰石子"，如图 3-56 所示。

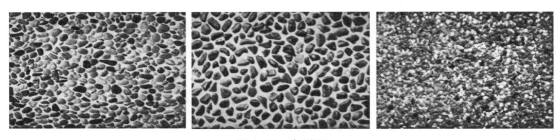

图 3-56　水刷石

1）弹线、安分格条

分格弹线，嵌贴木分格条，如图 3-57 所示。

2）抹水泥石渣浆

薄刮 1mm 厚素水泥浆，抹厚度为 8～12mm 的水泥石渣浆面层（高于分格条 1～2mm），石渣浆体积配比 1：1.25（中八厘）～1.5（小八厘），稠度 5～7cm；水分稍干，拍平压实 2～3 遍。

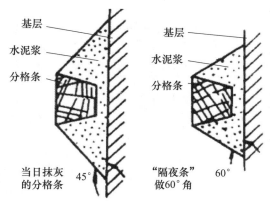

图 3-57　分格条的嵌贴

3）喷刷

指压无陷痕时，用棕刷蘸水自上而下刷掉面层水泥浆，至石子表面完全外露为止，也可用喷雾器自上而下喷水冲洗。

4）勾缝

起出分格条，局部修理、勾缝。

2. 外墙干粘石

干粘石俗称"甩石子"，是在抹好找平层后，边抹粘结层边用拍子或喷枪把石渣往粘结层上甩，边甩边拍平压实，使其粘结牢固但不能拍出或压出水泥浆，获得石渣排列致密、平整的饰面效果。如图 3-58 所示。

图 3-58　干粘石

1）弹线、安分格条

做找平层，隔日嵌贴分格条。

2）抹粘结层、甩石渣：先抹一层 6mm 厚的 1：2 ～ 1：2.5 水泥砂浆中层，再抹一层厚度为 1mm 的聚合水泥浆（水泥：107 胶 ＝ 1：0.3）粘结层，随即将 4～6mm

的石渣用手工或喷枪粘（或甩、喷）在粘结层上，要求石子分布均匀不露底，粘石后及时用干净抹子轻轻将石渣压入粘结层内，要求压入 2/3，外露 1/3，以不露浆且粘牢为原则。

3）勾缝

初凝前起出分格条，修补、勾缝。

3. 斩假石

又称剁斧石，是用人工在水泥面上剁出剁斧石的斜纹，获得有纹路的石面样式。如图 3-59 所示。

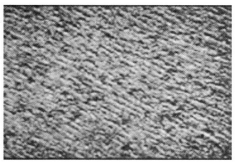

图 3-59 斩假石

1）安分格条

在找平层上按设计的分格弹线嵌分格条。

2）抹面层

基层上洒水湿润，刮一层 1mm 厚水泥浆，随即铺抹 10mm 厚 1：1.25 水泥石渣浆（石渣掺量 30%）面层，铁抹子赶平压实，软毛刷蘸水把表面水泥浆刷掉，露出的石渣应均匀一致。

3）剁石

洒水养护 2～5 天即可开始试剁，试剁石子不脱落便可正式剁。剁斧由上往下剁成平行齐直剁纹（分格缝周围或边缘留出 15～40mm 不剁），剁石深度以石渣剁掉三分之一为宜。

4）勾缝

拆出分格条，清除残渣，素水泥浆勾缝。

4. 假面砖

假面砖是一种在水泥砂浆中掺入氧化铁黄或氧化铁红等颜料，通过手工操作达到模仿面砖装饰效果的一种做法。如图 3-60 所示。

图 3-60　假面砖

假面砖有两种做法：方法一是第一层砂浆垫层用 1：0.3：3 水泥石灰混合砂浆，第二层用饰面砂浆或饰面色浆；方法二是第一层砂浆垫层用 1：1 水泥砂浆，第二层用饰面砂浆。假面砖表面应平整、沟纹清晰，留缝整齐、色泽一致，应无掉角、脱皮、起砂等缺陷。

第四章　质量验收

第一节　质量检查

（一）基坑工程质量检查

1. 基坑的尺寸检查

当基坑（槽）挖至设计标高后，应组织勘察、设计、监理、施工方和业主代表共同检查坑底土层是否与勘察、设计资料相符，是否存在填井、填塘、暗沟、墓穴等不良情况，这称为验槽。验槽的方法以观察为主，辅以夯、拍或轻便勘探。如图4-1所示。

图 4-1　基坑验槽

验槽的内容包括：检查基坑（槽）的位置、断面尺寸、标高和边坡等是否符合设计要求。还需要检查槽底土层情况，如土的颜色、土的坚硬程度、土的含水量情况等，也可在槽底行走或夯拍，判断有无振颤现象或空穴声音等，观察是否已挖至老土层（地基持力层）上，是否继续下挖或进行处理。如图4-2、图4-3所示。测量基坑尺寸时，可以使用不同类型的测绘仪器，通过现场实地测量，确保基坑各部位尺寸符合设计要求。

图 4-2 拉线检查 　　　　　　　　　　图 4-3 挖掘探查

2. 基坑的深度检查

基坑的深度检查时可手持测深棒，测深棒分为木质和金属两种材质，金属测深棒具有更好的耐用性和连续性，将其插入基坑中直至触底，然后读取深度值；也可采用现代化的测量仪器测量基坑的形状、深度和体积等参数。

（二）混凝土质量及性能检查

1. 混凝土的强度检验

混凝土的强度检验主要是抗压强度检验，它既是评定混凝土是否达到设计强度的依据，是混凝土工程验收的控制性指标，又可为结构构件的拆模、出厂、吊装、张拉、放张提供混凝土实际强度的依据。如图 4-4 所示。

图 4-4 混凝土强度检验

2. 混凝土坍落度的检查

混凝土坍落度主要是指混凝土的塑化性能和可泵性能，影响混凝土坍落度的因素主要有级配变化、含水量、衡器的称量偏差、外加剂的用量，容易被忽视的还有水泥的温度等。用一个上口 100mm、下口 200mm、高 300mm 喇叭状的坍落度桶，灌入混凝土分三次填装，每次填装后用捣锤沿桶壁均匀由外向内击 25 下，捣实后，抹平。然后拔起桶，混凝土因自重产生塌落现象，用桶高减去塌落后混凝土最高点的高度，称为坍落度。如图 4-5 所示。

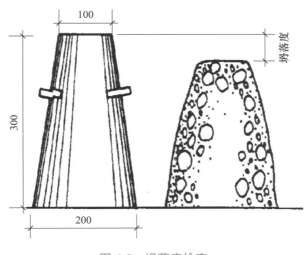

图 4-5　坍落度检查

3. 混凝土浇筑后表面平整度的检查

混凝土浇筑后，应从外观上检查其表面有无麻面、蜂窝、孔洞、露筋、缺棱掉角、缝隙夹层等缺陷，外形尺寸是否超过规范允许偏差。如图 4-6～图 4-9 是混凝土常见质量缺陷。

图 4-6　墙体蜂窝

图 4-7　露筋

图 4-8　负筋严重偏位　　　　　　　　图 4-9　柱子烂根

4. 混凝土养护情况的检查

混凝土养护是人为造成一定的湿度和温度条件，使刚浇筑的混凝土得以正常速度或加速硬化和强度增长。

混凝土带模养护期间，应采取带模包裹、浇水、喷淋洒水等措施进行保湿、潮湿养护，保证模板接缝处不致失水干燥。为了保证顺利拆模，可在混凝土浇筑 24～48 小时后略微松开模板，并继续浇水养护至拆模后再继续保湿至规定龄期。

混凝土去除表面覆盖物或拆模后，应对混凝土采用蓄水、浇水或覆盖洒水等措施进行潮湿养护，也可在混凝土表面处于潮湿状态时，迅速采用麻布、草帘等材料将暴露面混凝土覆盖或包裹，再用塑料布或帆布等将麻布、草帘等保湿材料包覆。包覆期间，包覆物应完好无损，彼此搭接完整，内表面应具有凝结水珠。有条件地段应尽量延长混凝土的包覆保湿养护时间。如图 4-10 所示。

养护初期，水泥的水化反应较快，需水也较多，要特别注意浇筑以后前几天的养护工作。当气温在 15℃以上时，在混凝土浇筑后的最初 3 天，白天至少每 3 小时浇水一次，夜间应浇水两次，以后每昼夜浇水三次左右。高温或干燥气候应适当增加浇水次数。如图 4-11 所示。

图 4-10　自然养护　　　　　　　　图 4-11　覆盖浇水养护

还有一种养护方式为标准养护，混凝土在温度为（20±2）℃和相对湿度为95%以上的潮湿环境或水中的条件所进行的养护。

（三）抹灰的质量检查

普通抹灰表面应光滑、洁净、接槎平整，分格缝清晰；高级抹灰表面应光滑、洁净、颜色均匀、无抹痕，分格缝和灰线应清晰美观。

一般抹灰的检验项目有：立面垂直度、表面平整度、阴阳角方正、分格条（缝）直线度和墙裙、勒脚上口直线度 5 个项目。其允许的偏差范围，普通抹灰均为 4mm，高级抹灰均为 3mm。如图 4-12 所示。

（a）立面垂直度验收　　　　（b）表面平整度验收　　　　（c）阴阳角方正量度检测

图 4-12　抹灰检查

（四）砂浆的质量及性能检查

砂浆的强度是以边长为 70.7mm 的立方体试块，在标准养护条件〔（20±2）℃、正常湿度、室内不通风处〕下，经过 28 天龄期后的平均抗压强度值。强度等级划分为 M25、M15、M10、M7.5、M5 五个等级。

砂浆应具有良好的流动性和保水性。砂浆的流动性是以稠度表示的，一般来说，对于干燥及吸水性强的块体，砂浆稠度应采用较大值；对于潮湿、密实、吸水性差的块体宜采用较小值。保水性差的砂浆，在运输过程中，容易产生泌水和离析现象从而降低其流动性，影响砌筑；砂浆的保水性测定值是以分层度来表示的，分层度不宜大于 20mm。

（五）装饰抹灰的质量检查

1. 主控项目

（1）抹灰前基层表面的尘土、污垢、油渍等应清除干净，并应洒水润湿。

检验方法：检查施工记录。

（2）装饰抹灰工程所用材料的品种和性能应符合设计要求。水泥的凝结时间和安定性复验应合格。砂浆的配合比应符合设计要求。

检验方法：检查产品合格证书、进场验收记录、复验报告和施工记录。

（3）抹灰工程应分层进行。当抹灰总厚度大于或等于35mm时，应采取加强措施。不同材料基体交接处表面的抹灰，应采取防止开裂的加强措施，当采用加强网时，加强网与各基体的搭接宽度不应小于100mm。

检验方法：检查隐蔽工程验收记录和施工记录。

（4）各抹灰层之间及抹灰层与基体之间必须粘结牢固，抹灰层应无脱层、空鼓和裂缝。

检验方法：观察；用小锤轻击检查；检查施工记录。

2. 一般项目

（1）装饰抹灰工程的表面质量应符合下列规定：

水刷石表面应石粒清晰、分布均匀、紧密平整、色泽一致，应无掉粒和接槎痕迹。

斩假石表面剁纹应均匀顺直、深浅一致，应无漏剁处；阳角处应横剁并留出宽窄一致的不剁边条，棱角应无损坏。

干粘石表面应色泽一致、不露浆、不漏粘，石粒应粘结牢固、分布均匀，阳角处应无明显黑边。

假面砖表面应平整、沟纹清晰、留缝整齐、色泽一致，应无掉角、脱皮、起砂等缺陷。

检验方法：观察；手摸检查。

（2）装饰抹灰分格条（缝）的设置应符合设计要求，宽度和深度应均匀，表面应平整光滑，棱角应整齐。

检验方法：观察。

（3）有排水要求的部位应做滴水线（槽）。滴水线（槽）应整齐顺直，滴水线应内高外低，滴水槽的宽度和深度均不应小于10mm。

检验方法：观察；尺量检查。

第二节 质量问题处理

（一）基坑工程一般问题的处理

1. 坑底出现流砂

停止开挖基坑；回填土方压住流砂；采取坑内降水补救措施，降低地下水位，阻止流砂的发生。将板桩紧贴围护结构打入坑底。增大围护结构入土深度，减小动水压力，阻止流砂发生。

2. 基坑内纵向边坡失稳滑坡

如边坡坡度太陡，修复边坡时应放缓边坡；加强基坑周边地面明排水，采取有效措施阻止地面水侵入基坑；采取边坡内、外降水的补救措施；修复塌方或滑坡的边坡前，先在坡脚外做临时支护，再按安全坡度放坡修复边坡，并做好护坡工作。

3. 坑底隆起

加设基坑外沉降监测点；坑内加载或坑内沿周边插入板桩防止外土向坑内挤压，坑底土体降水处理；坑内按实际情况作坑底地基土加固，然后挖至标高。

4. 基坑围护结构位移过大

立即停止开挖，在薄弱部位紧贴土面设置临时支撑，控制围护结构继续位移。根据监测报告和位移情况，找出围护结构位移原因，制定具体对策。等到坑内井点预降水达到降水深度，坑内外地基加固土体达到龄期或设计强度时再开挖基坑；严格遵循分段、分层、分块、限时开挖、限时支撑到位的基坑开挖原则。

5. 周边建（构）筑物出现不均匀沉降和危险性变形

停止降水或控制降水水位；采取回灌井回灌、沉降量大的一侧进行注浆等措施。

（二）混凝土基本性能问题的处理

混凝土表面外观质量要求为不应有蜂窝、麻面、孔洞、露筋、缝隙及夹层、缺棱掉角和裂缝等。如图 4-13 所示。对其成因与处理措施的了解能够尽量减少混凝土缺陷在施工过程中的出现与其所造成的不利影响。

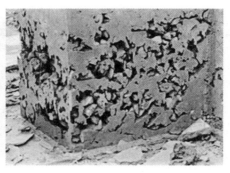

图 4-13　混凝土缺陷

1. 蜂窝

由于混凝土配合比不准确，浆少而石子多，或模板严重漏浆，或搅拌不均造成砂浆与石子分离，或浇筑方法不当，或施工中振捣不实，以及发现混凝土有离析现象时未能及时采取有效措施进行纠正。如图 4-14 所示。

2. 麻面

模板表面粗糙不光滑，模板润湿不够，接缝不严密，振捣时间把控不到位，过振导致发生漏浆。如图 4-15 所示。

3. 露筋

浇筑时垫块位移，甚至漏放，钢筋紧贴模板，或者因混凝土保护层处漏振或振捣不密实而造成露筋。如图 4-16 所示。

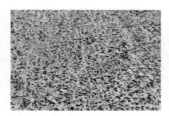

图 4-14　混凝土蜂窝现象　　图 4-15　混凝土麻面现象　　图 4-16　混凝土露筋现象

（三）混凝土表面质量问题的处理

1. 表面抹浆修补

对数量不多的小蜂窝、麻面、露筋、露石的混凝土表面，可用钢丝刷或加压水洗刷基层，再用 1 : 2～1 : 2.5 的水泥砂浆填满抹平，抹浆初凝后要加强养护。如图 4-17 所示。

当表面裂缝较细、数量不多时，可将裂缝用水冲并用水泥浆抹补；对宽度和深度较大的裂缝，应将裂缝附近的混凝土表面凿毛或沿裂缝方向凿成深为 15～20mm、宽为 100～200mm 的 V 形凹槽，扫净并洒水润湿，先用水泥浆刷第一层，然后用 1 : 2～1 : 2.5 的水泥砂浆涂抹 2～3 层，总厚度控制在 10～20mm，并压实抹光。如图 4-18 所示。

图 4-17　混凝土表面抹浆修补　　　　图 4-18　混凝土表面抹浆修补

2. 细石混凝土填补

当蜂窝比较严重或露筋较深时，应按其全部深度凿去薄弱的混凝土和个别突出的骨料颗粒，然后用钢丝刷或加压水洗刷表面，再用比原混凝土等级提高一级的细骨料混凝土填补并仔细捣实。如图 4-19 所示。

图 4-19　细石混凝土填补

（四）抹灰表面质量问题的处理

1. 空鼓

空鼓是指抹灰面层与基层之间出现脱离，造成空洞的现象。主要原因是基层处理不干净、抹灰前墙面浇水不足、抹灰砂浆配合比不当、抹灰面层过于干燥等。如

图 4-20 所示。

防治空鼓的措施主要是在抹灰前应将基层处理干净，墙面充分浇水，抹灰砂浆应按配合比搅拌均匀，抹灰面层施工前应将基底润湿，排除砂浆中的水分，使抹灰面层与基层结合紧密。

2. 裂缝

裂缝是指抹灰面层出现不规则的裂缝。主要原因是基层过于干燥、抹灰面层过于干燥或收缩率不同。如图 4-21 所示。

防治裂缝的措施主要是抹灰面层施工前应将基底润湿，排除砂浆中的水分，使抹灰面层与基层结合紧密。对于收缩率不同的基层，应采取分层抹灰或增加抹灰砂浆的稠度等措施。

图 4-20　空鼓　　　　　　　　　　图 4-21　裂缝

3. 起皮

起皮是指抹灰面层出现起块、脱落的现象。主要原因是抹灰面层过于干燥或粘结不牢固。如图 4-22 所示。

防治起皮的措施主要是抹灰面层施工前应将基底润湿，排除砂浆中的水分，使抹灰面层与基层结合紧密。对于粘结不牢固的部位，应重新抹灰或采取其他加固措施。

4. 表面不平整

表面不平整是指抹灰面层表面出现凹凸不平的现象。主要原因是施工工艺不规范、操作不当。如图 4-23 所示。

防治表面不平整的措施主要是严格按施工工艺要求施工，控制抹灰厚度和施工速度，避免抹痕和局部太厚等现象。同时，加强施工现场的管理和质量控制，提高施工人员的技能水平，确保工程质量。

图 4-22　起皮

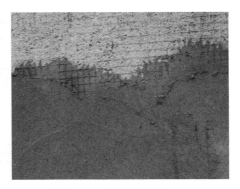

图 4-23　表面不平整

（五）混凝土养护问题的处理

1. 早期干缩裂缝

混凝土在养护早期会出现干缩现象，导致表面出现细小裂缝。在混凝土浇筑后应及时进行湿养护，如覆盖湿棉被或水膜，保持表面湿润，减缓干缩速度。

2. 浇筑表面不平整

浇筑过程中，混凝土表面出现不平整，会影响美观和使用。在浇筑前应进行充分的准备工作，如地基处理、使用模板和整平工具等，确保混凝土表面平整。

3. 强风和阳光暴晒

施工现场遭遇强风和阳光暴晒，会导致混凝土过早干燥。在施工现场搭建遮阳棚或使用防晒网，减少日晒和风速对混凝土的影响，保持湿润养护。

4. 高温环境下的保养

在高温环境下，混凝土快速干燥，容易导致强度下降和开裂。在高温天气中，增加湿养护次数，增加养护水量，可以使用湿棉被进行养护，保持混凝土湿润。

（六）装饰抹灰质量问题的处理

如果墙面抹灰强度不够是由于基层处理不当导致的，可以对基层进行加固处理。例如，对于开裂的墙面，可以使用腻子或石膏进行填充和修补；对于墙面空鼓的部位，可以进行铲除并重做基层处理。

在抹灰过程中，应随时检查配比、计量是否符合设计要求，严格控制分层抹灰厚度，对厚度超过 35mm 的应采取加强措施，防止脱落。

　　施工工艺也是影响抹灰质量的重要因素，应严格按照施工工艺要求施工，控制抹灰厚度和施工速度，避免抹痕和局部太厚等现象。

　　加强施工现场的管理和质量控制，提高施工人员的技能水平，确保工程质量。

泥瓦工（初级）

泥瓦工（中级）

泥瓦工（高级）

第五章　施工准备

第一节　作业条件准备

（一）安全防护棚的搭设

在建筑施工中常搭设安全防护棚，以保护施工人员和设备免受外界环境的影响。

1. 搭设前的准备

（1）搭设防护棚所用的材料有钢管、扣件、竹笆片及绿色密目式安全网、模板等，如图 5-1 所示。钢管质量应符合现行国家标准《直缝电焊钢管》GB/T 13793—2016 规定，直径 48.3mm，壁厚 3.6mm，杆长 2300～6500mm，扣件采用可锻铸铁扣件，其材质符合现行国家标准《钢管脚手架扣件》GB/T 15831—2023 的要求。

（a）钢管　　　　　　　　　（b）扣件　　　　　　　　　（c）竹笆板

（d）密目安全网　　　　　　　（e）模板

图 5-1　搭设防护棚所用材料

（2）乡村建设工匠应将防护棚搭设的技术要求、安全措施向其他搭设人员进行技术交底。

（3）按要求对钢管、扣件、竹笆片、密目式安全网等进行检查，不合格的构配件不得使用，经检查合格的构配件应按品种、规格分类，堆放整齐。

（4）搭设现场清除地面杂物，平整搭设场地，硬化地坪，设立警戒标志。

2. 安全防护棚的搭设

安全防护棚的搭设高度不应小于 3m，搭设宽度和长度应根据施工场地状况和需求确定。常采用钢管扣件式防护棚，上盖竹笆或木质板，一般采用双层设计，两层间距 700mm；当选择单层搭设时，必须上盖木质板，厚度应不少于 50mm。防护棚的长度和宽度需根据建筑高度和可能的坠落半径来决定，以确保全方位的保护。某工程安全防护棚的搭设构造如图 5-2 所示。

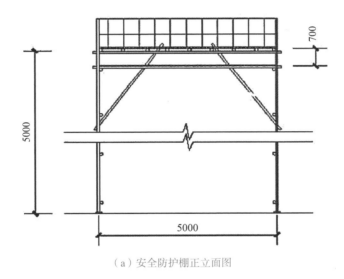

（a）安全防护棚正立面图

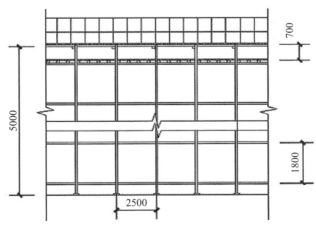

（b）安全防护棚侧立面图

图 5-2 安全防护棚正、侧立面图

1）防护棚的基础

（1）防护棚基础采用 C25 细石混凝土，厚度为 100mm，立杆置于混凝土面层上。

（2）防护棚基础四周设置排水沟，尺寸为 300mm×300mm。

2）立杆的搭设

（1）立杆应准确地放在定位线上。步距、纵距等应按立面图 5-2（a）、图 5-2（b）布置。

（2）防护棚立杆底脚必须设置纵向扫地杆。纵向扫地杆采用直角扣件固定在距底座上皮不大于 200mm 处的立杆上。

（3）开始搭立杆时，应每隔 6～9m 设置一根临时抛撑，在搭设完该处的立杆、向水平杆、横向水平杆后，可根据情况拆除。

（4）相邻立杆的对接扣件不得在同一高度内，错开布置，错开的距离不得小于 500mm。各接头中心至主节点的距离不得大于步距的 1/3。

（5）立杆顶端宜高出防护棚顶层，必要时可采用搭接接长立杆。

3）纵向水平杆的搭设

（1）纵向水平杆设置在立杆内侧，其长度不宜小于 2 跨，间距为 2.5m。

（2）纵向水平杆接长采用对接扣件连接，对接扣件应交错布置，两根相邻纵向水平杆的接头不得在同步或在同跨内，不同步或不同跨两个相邻接头在水平面错开的距离不应小于 500mm，各接头中心至最近主节点的距离不宜大于纵距的 1/3。

（3）纵向水平杆应贯通交圈，用直角扣件与内外角部立杆固定。

4）纵向斜撑的搭设

沿防护棚外侧纵向方向每隔 6m 设一道纵向斜撑，与地面成 45°～60°。斜撑杆接长采用两只旋转扣件，搭接接长，两扣件之间有效搭接长度不小于 1m（交叉接头不宜在立杆处）。扣件盖板边缘至杆端距离不得小于 100mm。斜撑杆件与立杆相交处用旋转扣件连接。

5）防护棚顶临边围挡的搭设

防护棚顶面的两侧边缘设防护栏板，围挡栏板高不小于 900mm。外立面满挂绿色密目式安全网，内侧为竹笆，16 号钢丝固定。

6）防护隔离板的搭设

防护隔离为竹笆或木质板，在上下层搁栅杆杆面上分别各铺一层，双层棚顶间距一般为 700mm。

7）防护棚的防雷接地

防护棚应有防雷接地措施，常采用单独埋设接地防雷法。具体方法为在防护棚角部处将 ϕ48、3×3.6mm、$L=1500mm$ 的钢管埋入地下，再用 BV-10mm^2 接地线引出与防护棚连接，接地电阻应小于 4Ω。

3. 安全防护棚的拆除

（1）拆除前，应对防护棚整体进行检查，如防护棚存在严重安全隐患或损坏，应立即进行整改和加固，以保证防护棚在拆除过程中不发生坍塌危险。

（2）对参与防护棚拆除的工匠进行交底，交底内容应包括拆除时间、拆除顺序、拆除方法，拆除的安全措施和警戒区域。

（3）拆除现场必须设警戒区域，张挂醒目的警戒标志。警戒区域内严禁非操作人员通行或在防护棚下方继续组织施工。

（4）拆除防护棚应由上而下，一步一清地进行拆除。纵向斜撑的拆除，应先拆中间扣件，再拆两端扣件。

（5）如遇强风、雨、雪等特殊气候，不得进行防护棚的拆除。夜间实施拆除作业，应具备良好的照明设备。

4. 安全防护棚搭设方案的编写

安全防护棚搭设方案的内容包括：

（1）工程概况，主要编写工程建设概况，如工程名称、建设地点、安全防护棚的分部情况等。

（2）编制依据，主要编写所依据的现行规范标准等，如《建筑施工扣件式钢管脚手架安全技术规范》JGJ 130—2011、《建筑施工高处作业安全技术规范》JGJ 80—2016、《建筑施工安全检查标准》JGJ 59—2011 等。

（3）搭设的技术要求，主要编写对搭设中的材料、地基基础、杆件等构造要求。

（4）搭设工艺，主要编写搭设施工工艺和要点。

（5）搭设质量控制，主要编写防护棚步距、纵距的质量检查，搭设杆件的垂直偏差等要求。

（6）护棚搭设施工安全措施。

（7）防护棚拆除安全注意事项。

（二）钢管扣件或木竹外脚手架的搭设

为了保证各施工过程顺利进行，需要搭设外脚手架作为施工人员操作平台，并起到安全防护的作用。

1. 钢管扣件脚手架的搭设

钢管采用外径为48mm、壁厚3.6mm的3号钢焊接钢管，如图5-3所示。钢管应有产品质量合格证和检验报告。

图 5-3　脚手架钢管及其壁厚

钢管和扣件进场都应进行质量检验，锈蚀严重的必须更换，不得用于搭设架体，如图 5-4 所示。

图 5-4　脚手架钢管、扣件锈蚀

搭设脚手架时必须加设底座或基础，并做好地基的处理。如图 5-5 所示，落地式钢管脚手架底部应设置垫板和纵向、横向扫地杆，垫板铺设必须平稳，不得悬空，安放底座时应拉线和拉尺，按规定间距尺寸摆放后加以固定。立杆基础不在同一高度时，应将高处的纵向扫地杆向低处延长两跨，如图 5-6 所示。

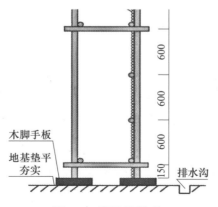
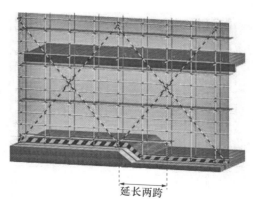

图 5-5　脚手架基础　　　　图 5-6　立杆基础高度不同时的处理

　　钢管杆件包括立杆、大横杆、小横杆、剪刀撑、斜杆和抛撑（在脚手架立面之外设置的斜撑）。剪刀撑设置在脚手架两端的双跨内和中间每隔30m净距的双跨内，仅在架子外侧与地面呈45°布置，搭设时将一根斜杆扣在小横杆的伸出部分，同时随着墙体的砌筑，设置连墙杆与墙锚拉，扣件要拧紧，如图5-7所示。

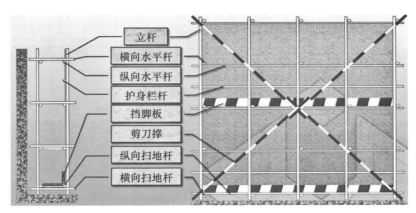

图5-7　钢管杆件

　　钢管扣件脚手架的搭设，按脚手架的纵距、横距要求进行放线、定位，自建筑物角部一端起逐根竖立杆，放置纵向扫地杆，随即与立杆扣紧，装设横向扫地杆，并与立杆扣紧，竖起3～4根立杆后，先安装第一步大横杆，再安装第一步小横杆，最后安装临时抛撑，如图5-8、图5-9所示。

图5-8　安装立杆　　　　　　　　图5-9　安装临时抛撑

2. 木竹脚手架的搭设

　　木脚手架是由许多纵、横向木杆，用铁丝绑扎而成，主要有立杆、大横杆、小横杆、斜撑、抛撑、十字撑等，如图5-10所示，现在木脚手架已很少使用。

　　竹脚手架选用生长期三年以上的毛竹或楠竹的竹材为主要杆件，采用竹篾、铁丝、塑料篾绑扎而成架，如图5-11所示。

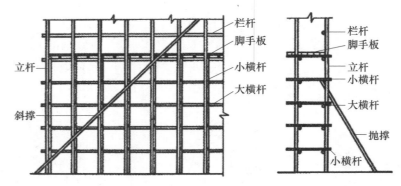

图 5-10　木脚手架构造图

图 5-11　竹脚手架构造图

1）搭设顺序

双排竹脚手架的搭设顺序如下：

确定立杆位置→挖立杆坑→竖立杆→绑大横杆→绑顶撑→绑小横杆→铺脚手板→绑栏杆→绑抛撑、斜撑、剪刀撑等→设置连墙点→搭设安全网。

2）搭设要点

（1）挖立杆坑。立杆坑深 300～500mm，坑口直径较杆的直径大 100mm，坑口的自然土尽量少破坏，以便将立杆正确就位，挤紧埋牢。

（2）竖立杆。操作方法与杉篙脚手架相同，先竖端头的立杆，再立中间立杆，依次竖立完毕。立杆如有弯曲，应将弯曲顺向纵向方向，既不能朝墙面也不能背向墙面。

（3）绑大横杆。大横杆绑扎在立杆的内侧，沿纵向水平布设，其接长以及接头位置的错开距离与杉篙脚手架相同。同一排大横杆的水平偏差不得大于脚手架总长度的 1/300，并且不大于 200mm。

（4）绑小横杆。小横杆垂直于墙面，绑扎在立杆上。采用竹笆脚手板，小横杆应置于大横杆下；采用纵向支承的脚手板，小横杆位于大横杆之上。操作层的小横杆应加密，砌筑脚手架间距不大于 0.5m；装饰脚手架间距不大于 0.75m。

（5）绑斜撑、抛撑和剪刀撑。架子搭到三步架高，暂时不能设连墙点时，应每隔

5～7根立杆设抛撑一道,抛撑底埋入土中应不少于0.5m。

(6)设置连墙点。连墙点设置在立杆与横杆交点附近,呈梅花状交替排列,将脚手架与结构连成整体。

(7)设置搁栅。搁栅应设在小横杆上,间距不大于0.25m,搭接处的竹竿应头搭头,梢搭梢,搭接端应在小横杆上,伸出200～300mm。

(8)设置脚手板、护栏和挡脚板。操作层的脚手板应满铺在搁栅、小横杆上,用铁丝与搁栅绑牢。搭接必须在小横杆处,脚手板伸出小横杆长度为100～150mm,靠墙面一侧的脚手板离开墙面120～150mm。

(三)施工现场作业条件的清理准备

1. 基础阶段作业条件的清理准备

基础阶段施工现场作业条件基本情况如图5-12所示。现场作业条件的清理准备主要包括以下工作:

(1)检查施工区域内存在的各种障碍物,如建筑物、道路、管线、树木等,凡影响施工的均应拆除、清理或转移,并在施工前妥善处理,确保施工安全。

(2)施工机械进入施工现场所经过的道路、桥梁等,应事先做好检查和必要的加宽、加固工作。

(3)夜间施工时,应合理安排施工项目,落实安全文明施工措施。施工现场应根据需要安装照明设施,在危险地段应规范设置安全护栏和警示灯等。

(4)施工前先了解工程地质勘察资料、地形、地貌等情况,并制定相应的安全技术措施。

(5)基坑边1.5m范围内不要堆放材料、机具等,防止滑坡。基坑内施工人员要注意边坡的稳定情况,如发现问题应及时采取措施。

2. 主体阶段作业条件的清理准备

主体阶段施工现场作业条件基本情况如图5-13所示。现场作业条件的清理准备主要包括以下工作:

(1)施工人员要按照每天的作业计划准备设备和材料。

(2)设备和材料在现场一定要码放整齐,切忌横七竖八、乱堆乱放。

(3)工具和材料、废料不要放在影响施工或给他人带来危险的地方。

(4)现场使用的链条葫芦、千斤顶等工器具,不用时要挂放和摆放整齐。

(5)设备安装和材料加工要在指定的地点进行,废料要及时清理运走。

(6)木板上、墙面上凸出的钉子、螺栓要及时拔除和清理,以免给自己和他人带来危害。

（7）现场加工棚、工具室要保持整洁与卫生。

（8）工序交接的作业面，要进行彻底的清理，打扫干净，检验合格后方可进入下道工序施工。

（9）注意保护施工成品和施工设备，防止二次污染和设备损伤。

（10）作业面做到工完场清，整个现场做到一日一清、一日一净。

图 5-12　常见基础阶段施工现场　　　　图 5-13　常见主体阶段施工现场

3. 装修阶段作业条件的清理准备

（1）装修工程开始前，应对埋设水电管线的槽或洞进行填堵，并清理干净，对房屋进行全面清洁，包括清除灰尘、污垢和杂物等，确保施工环境干净整洁。

（2）装修过程中，应每天对施工现场进行清洁，包括清理垃圾、尘土等废弃物，在抹灰和涂刷涂料时，应采取措施保护地面，避免涂料、砂浆等物质溅到地面，若有溅出，应及时清理干净，避免干燥后难以清除。

（3）装修工程完成后，应清除施工现场残留的涂料、灰尘和杂物等，确保内部和外部的整洁。此外，应对施工现场的垃圾进行分类处理，可回收垃圾应妥善存放或出售，不可回收垃圾应及时清运出施工现场。

（四）消火栓、消防水带的使用

1. 消火栓的使用

消火栓分为室内消火栓和室外消火栓，如图 5-14、图 5-15 所示。

1）室内消火栓的使用

室内消火栓通常设置在室内消火栓箱内，包括箱体、消火栓、消防接口、水带、水枪、消防软管卷盘及电器设备等全套消防器材。室内消火栓栓口距离地面的高度宜为 1.1m，如图 5-16 所示。

室内消火栓的具体使用步骤和方法如下：

（1）首先打开消火栓箱门，紧急时可将玻璃门击碎，用手按里面的火警按钮，这个按钮用来报警和启动消防泵，如图5-17所示。

图5-14 室内消火栓

图5-15 室外消火栓

图5-16 室内消火栓箱

图5-17 打开消火栓箱门

（2）取出水枪，拉出水带，将水带接口一端与消火栓接口连接，另一端与水枪连接，如图5-18所示。

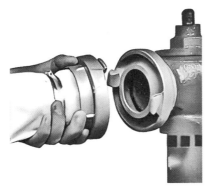

（a）水带与消火栓的连接

（b）水带与水枪的连接

图5-18 水带与消火栓、水枪的连接

（3）在地面上拉直水带，将消火栓阀门打开，如图5-19所示，同时双手紧握水枪，对准火源根部喷水灭火，如图5-20所示。注意电器起火，要确定已经切断电源。

图 5-19　打开阀门　　　　　　　图 5-20　灭火

（4）灭火完毕后，关闭室内栓阀门，将水带冲洗干净，置于阴凉干燥处晾干后，按原水带安置方式置于栓箱内。将已破碎的控制按钮玻璃清理干净，换上同等规格的玻璃片。检查栓箱内所配置的消防器材是否齐全、完好，如有损坏应及时修复或配齐。

（5）室内消火栓的检查、维护

① 检查室内消火栓、水枪、水带、消防水喉是否齐全完好，有无生锈、漏水，接口垫圈是否完整无缺，并进行放水检查，检查后及时擦干，在消火栓阀杆上加润滑油。

② 检查消防水泵在火警后能否正常供水。

③ 检查报警按钮、指示灯及报警控制线路功能是否正常、无故障。

④ 检查消火栓箱及箱内配装有消防部件的外观有无损坏，涂层是否脱落，箱门玻璃是否完好无缺。

⑤ 对室内消火栓的维护，应做到各组成设备保持清洁、干燥，防锈蚀或无损坏。为防止生锈，消火栓手轮丝杠处等转动部位应经常加注润滑油。设备如有损坏，应及时修复或更换。

⑥ 日常检查时如发现室内消火栓四周放置影响消火栓使用的物品，应进行清除。

2）室外消火栓的使用

室外消火栓的具体使用步骤和方法如下：

（1）将消防水带铺开，如图 5-21 所示。

（2）将水枪与水带快速连接，如图 5-22 所示。

（3）连接水带与室外消火栓，如图 5-23 所示。

（4）连接完毕后，用室外消火栓专用扳手逆时针旋转，把螺杆旋到最大位置，打开消火栓，如图 5-24 所示。

图 5-21　铺开消防水带

图 5-22　水枪与水带连接

图 5-23　水带与室外消火栓连接

图 5-24　打开消火栓

（5）双手紧握水枪，对准火源根部喷水灭火，如图 5-25 所示。

室外消火栓使用完毕后，需打开排水阀，将消火栓内的积水排出，以免结冰将消火栓损坏。室外消火栓的使用操作可扫描二维码观看视频 5-1。

图 5-25　室外消火栓灭火

视频 5-1　室外消火栓的
使用操作

2. 消防水带的使用

消防水带的使用方法和步骤如下：

（1）操作时右手食指握紧水带的两个接口，如图 5-26 所示。

（2）食指扣住水带左侧，中指、无名指、小指合并扣住水带右侧，如图5-27所示。

（3）左手拿枪头，右手提水带，呈跨步姿势，使用巧劲把水带甩出去，注意水带不能折叠，如图5-28所示。

（4）右手食指紧握的两个水带接口不要甩出去，如图5-29所示。

图5-26　消防水带使用（1）

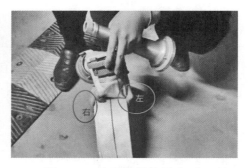
图5-27　消防水带使用（2）

图5-28　消防水带使用（3）

图5-29　消防水带使用（4）

（5）消防水带使用时应注意以下事项：

① 连接消防水带时，需要将水带接口与消火栓或消防水泵进行连接，确保连接牢固，不会漏水。

② 使用消防水带时，应将其铺设在地面上，避免尖锐物体和各种油类，以免损坏水带。

③ 使用消防水带时，应将耐高压的水带接在离水泵较近的地方，充水后的水带应防止扭转或骤然折弯，同时应防止水带接口碰撞损坏。

④ 严冬季节，在火场上需暂停供水时，为防止消防水带结冰，水泵须慢速运转，保持较小的出水量。

⑤ 使用完毕后，需要将消防水带清洗干净。对输送泡沫的水带，必须细致地洗刷，保护胶层。为了清除水带上的油脂，可用温水或肥皂洗刷。对冻结的水带，首先要使之融化，然后清洗晾干，没有晾干的水带不应收卷存放。

【小贴士】消防水带的型号规格由设计工作压力、公称内径、长度、编织层经/纬线材质、衬里材质和外覆材料材质组成。如图5-30所示，该消防水带的设计工作压力为2.0MPa，公称内径为65mm，长度为20m，编织层经线材质为涤纶长丝，纬线材质为涤纶长丝，衬里材质为聚氨酯，其型号表示为：20-65-20涤纶长丝·涤纶长丝·聚氨酯。

图 5-30　消防水带型号示例

第二节　材料准备

（一）建筑材料在施工现场位置的设置

施工现场材料位置应根据现场的具体情况设置，既要保证使用方便，又要保证现场的整洁；既要保证使用安全，又要保证材料在使用过程中的质量和"先进先用"，如图5-31所示。

（1）建筑物基础和第一施工层所使用的材料，沿建筑物四周布置，但须留足安全尺寸，不得因堆料造成基槽（坑）土壁失稳。

（2）第二施工层以上所用的材料，布置在提升机具附近。

（3）砂、石等大宗材料尽量布置在搅拌机械附近。

（4）当多种材料同时布置时，大宗的、重大的如模板、脚手架材料和先期使用的材料，尽量布置在提升机具附近；少量的、轻的和后期使用的材料，则可布置得稍远一些。

（5）加工棚可布置在拟建工程四周，并考虑木材、钢筋、成品堆放场地。

图 5-31　施工现场主要材料堆放位置

（二）建筑材料在施工现场放置数量的确定

施工现场材料放置要分类、分批、分规格堆放，整齐、整洁、安全。数量可按下列要求确定：

1. 水泥放置数量的确定

（1）水泥存放需设置水泥仓库，库房要干燥，地面垫板要离地 30cm，四周离墙 30cm，堆放高度 ≤ 10 袋，按照到货先后依次堆放，尽量做到先到先用，防止存放过久，如图 5-32（a）所示。若乡村建设实在无室内堆放场地时，水泥可放在室外，但一定要垫高防潮，上面全覆盖，如图 5-32（b）所示。

（a）水泥室内堆放　　　　　　　　　　（b）水泥室外堆放

图 5-32　水泥室内、外堆放

（2）水泥堆放标识牌要求：标注清楚生产厂家、标号、数量、批号、生产日期、进货日期、检验日期、检验编号、检验状态。

2. 砂石放置数量的确定

砂石堆放场地应硬化，地面不积水，砂石要分类堆放，堆放限高 ≤ 1.2m，如

图 5-33 所示。如遇大风天气，砂石堆应用防尘网盖住。

图 5-33　砂石堆放

3. 砖、砌块堆放数量的确定

砖和砌块的堆放场地应硬化，地面不积水，有条件的可下垫上盖，不同尺寸的砖、砌块分类堆放，堆放高度≤2m，如图 5-34、图 5-35 所示。

图 5-34　砖的堆放　　　　　　　　图 5-35　砌块堆放

4. 模板、木方堆放数量的确定

模板、木方周转材料的堆放场地应硬化，地面不积水，要分类堆放，堆放限高≤2m，如图 5-36、图 5-37 所示。

图 5-36　模板堆放　　　　　　　　图 5-37　木方堆放

5. 钢管堆放数量的确定

钢管堆放场地应硬化，地面不积水，堆放限高≤2m，钢管必须刷防锈漆进行保护，如图5-38所示。

6. 对拉螺栓堆放数量的确定

对拉螺栓堆放场地应硬化，地面不积水，下垫上盖，堆放限高≤1.2m，对拉螺栓必须刷防锈润滑油进行保护，如图5-39所示。

图5-38　钢管堆放

图5-39　对拉螺栓堆放

第三节　施工机具准备

（一）电动工具与开关箱的连接情况检查与上报

在施工现场临时用电中配电箱可分为总箱、分箱和开关箱。开关箱起到方便停、送电，计量和判断停、送电的作用，如图5-40所示。

1. 连接线完整性的检查

对于电动工具与开关箱之间的连接线，应确保其完整性，如图5-41所示。检查连接线是否有破损、老化、断裂或裸露等现象，以确保其能够安全传输电能。对于发现的问题，应及时更换或修复。

2. 接头紧固情况的检查

检查连接线的接头是否紧固，防止因松动导致接触不良或产生火花。对于使用螺栓固定的接头，应使用合适的螺丝刀紧固；对于插拔式接头，应确保插头与插座接触良好。

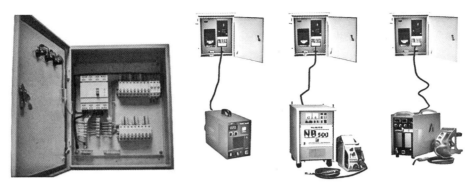

图 5-40　开关箱　　　　　　图 5-41　电动工具与开关箱的连接线

3. 绝缘性能的检测

使用绝缘电阻表等工具对连接线进行绝缘性能检测，确保电动工具与开关箱之间的绝缘电阻符合安全要求。对于绝缘性能不佳的连接线，应及时更换。

4. 漏电保护功能的检查

检查开关箱是否具备漏电保护功能，并确保该功能处于正常工作状态，如图 5-42 所示。可通过模拟漏电情况来测试漏电保护器的灵敏度。如发现问题，应及时维修或更换。

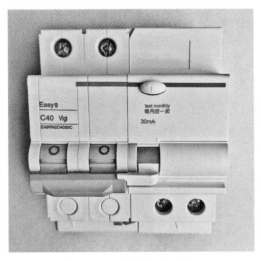

图 5-42　漏电保护开关

5. 接地电阻的测试

对接地线进行接地电阻测试，确保接地电阻值符合相关安全标准。对于接地电阻过大的情况，应检查接地线连接是否牢固，接地体是否锈蚀严重等，并及时处理。

6. 过载与短路保护的检查

检查开关箱是否具备过载和短路保护功能，并确保该功能处于正常工作状态。可通过模拟过载和短路情况来测试保护功能的可靠性。如发现问题，应及时维修或更换。

7. 标识与警示标签的检查

检查电动工具和开关箱上的标识与警示标签是否清晰、完整。如有缺失或模糊不清的标签，应及时补充或更换。同时，确保操作人员能够清晰识别并理解这些标识和标签的含义，如图 5-43 所示。

图 5-43　配电箱标识与警示

8. 检查的记录与上报

乡村建设工匠应对配电箱定期检查，每次对电动工具与开关箱连接情况检查后，应详细记录检查结果，包括发现的问题、采取的措施等。检查记录应保存在指定的位置，方便随时查阅。同时，对于发现的重要问题或隐患，应及时采取措施进行处理。

通过以上八个方面的检查与上报工作，可以确保电动工具与开关箱之间的连接安全可靠，有效预防电气事故的发生。同时，也有助于提高安全生产水平，保障施工人员生命财产安全。

（二）施工机具的保管与保养

1. 施工机具的保管

（1）存放环境：选择一个干燥、通风良好且无阳光直射的室内环境存放施工机具。避免设备暴露在雨雪、灰尘和潮湿的环境中，以防止金属部件生锈和电气部件损坏。

（2）地面处理：确保存放施工机具的地面平整、坚固，并具有良好的排水性能。对于易受潮的设备，可以在地面上铺设木板或橡胶垫，以增加设备的离地高度，防止底部受潮。

（3）清洁与整理：定期清理设备表面和内部，保持设备的清洁。同时，整理设备周围的杂物和线缆，确保通道畅通，方便设备的移动和维修。

（4）安全防护：在存放施工机具的环境中，应安装适当的消防设备，并确保设备在紧急情况下可以迅速停机。此外，应定期检查设备的电源线是否破损，以防止意外触电。

2. 施工机具的保养

（1）日常保养：每天使用设备前，检查设备的电源、开关和控制系统是否正常。运行设备后，检查设备是否有异常声音、振动或异味。如有问题，立即停机检查并报修。

（2）定期保养：根据设备制造商的建议，定期对施工机具进行保养。包括更换润滑油、检查紧固件是否松动、清理散热器等。此外，还要检查设备的切割刀具是否锋利，是否需要更换或磨砺。

（3）预防性维护：为了延长施工机具的使用寿命，应定期进行预防性维护。包括清洗设备表面和内部、检查电线和电缆、更换损坏的部件等。此外，根据需要，可以定期对设备进行调试和校准，以确保其精度和稳定性。

（4）记录与存档：为了方便追踪设备的维护历史和诊断问题，应记录每次保养和维修的内容，并将其存档。内容包括维修时间、更换的部件、进行的工作等详细信息。

3. 手持电钻的保管和保养

（1）清洁与保养：使用后应及时清洁电钻，用软布擦去表面灰尘和油污；检查钻头是否锐利，不锐利应及时磨削或更换；定期润滑电钻的关键部件，保持其良好的运作效率。

（2）存放环境：将手持电钻存放在干燥、无尘、通风良好的地方，避免潮湿和高温；避免阳光直射，以免加速电线老化和导致发热。

（3）电池与充电器：如果电钻使用可充电电池，确保电池完全充电并妥善存放；将充电器存放在干燥、通风的地方，并远离易燃物品。

（4）安全防护：在存放时，确保电钻的开关处于关闭状态，并拔下电源插头；使用适当的保护套或箱子来存放电钻，以防止碰撞和损坏。

4. 无齿锯的保管和保养

（1）清洁与检查：使用后及时清洁无齿锯，去除锯片上的残留物和尘土；检查锯片是否有损伤或裂纹，必要时进行更换。

（2）存放环境：存放于干燥、通风、无尘的地方，避免潮湿和高温；确保存放位置远离火源和易燃物品。

（3）锯片保护：存放时，应将锯片从机器上取下，并妥善放置，避免弯曲或损坏；使用保护套或专用箱子来存放无齿锯，以防止碰撞和损伤。

（4）电源与电线：拔下电源插头，存放时避免电线受到压迫或扭曲，以延长使用寿命。

无论是手持电钻还是无齿锯，都需要定期进行保养和检查，以确保其在使用时的安全和性能。正确的保管和维护可以延长设备的寿命，提高使用效率。

（三）电动机具的使用

1. 电圆锯的使用

电圆锯适用于对木材、纤维板、塑料和软电缆以及类似材料进行锯割作业，如图5-44所示。

图5-44　电圆锯

1）电圆锯的检查

（1）检查电圆锯的锯片、外壳、手柄是否出现裂缝、破损。

（2）检查电缆软线及插头等是否完好无损，开关是否正常，保护接零连接是否正确、牢固可靠。

（3）检查锯片是否安装牢靠，螺栓是否拧紧，内外卡盘是否将锯片紧紧夹住，锯片的平面是否与电圆锯的水平轴线方向垂直。

（4）检查活动保护罩的转动是否灵活，有无变形，与圆锯片是否相互摩擦，连接是否可靠，操作中是否会脱落。

（5）检查侧手柄是否安装牢靠，握持操作时是否会松动。

（6）检查被切割工件是否被牢牢固定好。

2）电圆锯的使用

（1）启动时电圆锯必须处于悬空位置，其会出现猛然跳动，必须双手握持，手指不得置于开关位置，锯齿必须离开被切割工件，防止电圆锯启动时跳动触碰到被切割工件。

（2）电圆锯启动后应让其空转一段时间，观察锯片运转是否正常，是否有左右摆动的现象，电圆锯是否振动过大，噪声是否正常。

（3）电圆锯在操作过程中一定要注意其电缆的位置，防止被割断造成触电或短路事故。电缆要绕过身后再接入电源，身体不要与电缆接触。

（4）电圆锯在进行切割操作时，双手一定要紧握设备的手柄和侧手柄。手指不可接近高速旋转的锯片，操作者的身体必须与设备保持适当的距离，如图 5-45 所示。电圆锯的使用可扫描二维码观看视频 5-2。

图 5-45　电圆锯切割　　　视频 5-2　电圆锯的使用

（5）不得在高过头顶的位置使用电圆锯，防止电圆锯或被切割工件脱落造成事故。

（6）作业中应注意音响及温升，发现异常应立即停机检查。在作业时间过长，机具温升超过 60℃或烫手或有烧焦味时，应停机，自然冷却后再行作业。

（7）作业中，不得用手触摸刃具，发现其有磨钝、破损等不正常声音、情况时，应立刻停止检查；维修或更换配件前必须先切断电源，并等锯片完全停止。

（8）锯片磨钝需修锉时，应关上电源，拔下插头，待锯片完全停止，才能拆下锯片作业。停电、休息或离开工作场地时应关闭电圆锯电源。加工完毕应关闭电源，并做好设备及周围场地的清洁。

2. 钢筋调直机的使用

钢筋调直机如图 5-46 所示。

图 5-46　钢筋调直机

1）开机前准备

（1）检查机器各部件是否完好无损，紧固件是否牢固。

（2）确保电源连接正确，接地良好。

（3）检查润滑油是否充足，不足时应及时添加。

（4）根据需要调整调直模的间隙，确保适应不同直径的钢筋。

2）操作步骤

（1）打开电源开关，启动电机。

（2）将待调直的钢筋放入进料口，引导钢筋进入调直模。

（3）观察钢筋的调直情况，适当调整调直模的间隙和电机的转速。

（4）调直后的钢筋从出料口输出，可根据需要截断或继续加工。

（5）操作完成后，关闭电源开关，切断电源。

3）安全注意事项

（1）使用前应确保机器接地良好，防止触电事故发生。

（2）操作时应穿戴好防护用品，如手套、工作服等。

（3）禁止在机器运行时将手伸入调直模内，以免发生危险。

（4）如发现机器有异常响声或发热等情况，应立即停机检查。

4）保管与保养

（1）定期清理机器表面的灰尘和油污，保持机器清洁。

（2）定期检查润滑油的油位，不足时应及时添加。

（3）每季度对机器各部件进行一次全面检查，发现问题及时处理。

（4）长期不使用时，应将机器存放在干燥、通风的地方，并用防尘罩遮盖。存放期间，应定期检查机器各部件是否完好，如有损坏或松动应及时处理。

3. 钢筋弯曲机的使用

钢筋弯曲机可以将钢筋弯成不同的角度和弧度，如图 5-47 所示。

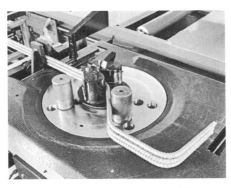

图 5-47 钢筋弯曲机

1）使用前的准备

（1）确认工作环境：钢筋弯曲机应放置在平坦、坚固、无杂物的工作场地上，确保机器稳定且操作空间充足。

（2）准备所需材料：根据工程需求，准备好待弯曲的钢筋，并确保钢筋表面无油污、锈蚀等杂物。

（3）检查附件：确保所有附件（如弯曲模具、定位装置等）齐全且状态良好。

2）安全检查

（1）检查电源线和插头是否完好，无破损或老化现象。

（2）检查机器各部件是否完整，紧固件是否牢固，无松动现象。

（3）确认安全防护装置（如防护罩、挡板等）是否安装正确，工作可靠。

3）操作步骤

（1）开启电源：接通钢筋弯曲机的电源，按下启动按钮，观察电机运转是否正常。

（2）装载钢筋：将待弯曲的钢筋放置在定位装置上，并根据需要调整定位装置的位置。

（3）选择弯曲角度：根据工程要求，选择适当的弯曲模具，并调整相应的角度。

（4）开始弯曲：启动弯曲机，使钢筋在模具中弯曲成型。

（5）卸载钢筋：弯曲完成后，关闭机器，取出成型的钢筋。

（6）关闭电源：操作完成后，应关闭钢筋弯曲机的电源，断开电源插头。

（7）清理现场：清理工作现场，将弯曲好的钢筋堆放整齐，确保工作场地整洁有序。

（8）检查机器：对机器进行一次全面检查，确保各部件完好无损，为下次使用做好准备。

4）注意事项

（1）操作人员应熟悉钢筋弯曲机的结构和性能，并经过专业培训后方可操作。

（2）操作过程中应保持注意力集中，严禁分心或疲劳操作。

（3）在弯曲过程中，禁止将手或其他物品伸入弯曲区域，以免发生危险。

（4）如遇紧急情况，应立即按下急停按钮，切断电源，确保安全。

5）保管与保养

（1）定期清理机器表面和内部积累的灰尘和杂物，保持机器清洁。

（2）定期检查各部件的紧固情况，如有松动应及时紧固。

（3）定期对轴承、齿轮等运动部件进行润滑，确保机器运行顺畅。

（4）长期不使用时，应将机器存放在干燥、通风的地方，并用防尘罩遮盖。

【小贴士】可通过更换弯曲机不同的弯曲模具或调整模具角度来实现不同的弯曲角度；可根据钢筋的材质和直径，适当调整弯曲机的转速，以获得最佳的弯曲效果。

第六章　测量放线

第一节　测量

（一）构、部件的测量

1. 构、部件长度、宽度的测量

1）测量工具的使用

（1）卷尺：卷尺常用来测量部件的尺寸。使用卷尺时，要确保尺子笔直，并注意起点端要固定好。对于弯曲或不规则的部件，需要多测量几个位置以获取准确的数据，如图6-1所示。

（2）卡尺：卡尺适用于测量小部件或细节尺寸。使用卡尺时，要确保将测量面与部件表面完全贴合，以避免误差，如图6-2所示。

（3）激光测距仪：激光测距仪能够精确测量距离和角度。使用激光测距仪时，要确保对准需要测量的位置，并按照设备的指示操作，如图6-3所示。

图 6-1　卷尺

图 6-2　卡尺

图 6-3　激光测距仪

【小贴士】对于某些角度或斜面的测量，可以使用勾股定理即"勾三股四弦五"来计算长度。通过测量垂直和水平距离，使用勾股定理计算出所需的角度或斜面的长度。

2）房屋长度、宽度的测量

通常用卷尺或激光测距仪来测量房屋长度和宽度。沿着外墙体的外表面拉测，尺子紧贴墙面，并确保水平笔直，避免测量误差。对于比较长的墙体，可以分段测量并累加得到总长度。

3）梁长度、宽度的测量

梁的长度、宽度测量可在梁的上方或下方进行，常使用卷尺沿着梁的外边缘进行测量。注意避开梁上的支撑点或凸出物，可以在不同的位置进行多次测量，以确保数据的准确性。

4）柱高度及长度、宽度的测量

柱的高度通常使用卷尺或激光测距仪从柱底到柱顶进行测量。柱的长宽通常使用卷尺或激光测距仪测量。测量时，应注意避开柱上的装饰线条或其他凸出物，确保尺子与柱的表面平齐。

5）楼板长度、宽度的测量

楼板长宽可在楼板的上方或下方进行，常使用卷尺或激光测距仪沿着楼板的中心线或外边缘进行测量。

6）屋顶长度、宽度的测量

屋顶长宽测量需要根据屋顶的形状和构造进行。对于平屋顶，可直接使用卷尺或激光测距仪测量屋顶长度。对于坡屋顶，需要分别在屋顶不同高度位置进行测量，并记录各个位置的长度。

7）门窗洞口的测量

门窗洞口的测量包括洞口的宽度和高度。常使用卷尺或激光测距仪沿着洞口的内边缘进行测量，记录门窗洞口的实际尺寸，以便选购合适的门窗。

8）楼梯尺寸的测量

楼梯尺寸通常包括梯段尺寸和踏步尺寸。常使用卷尺或激光测距仪测量梯段长和宽，踏步的宽和高常用卷尺测量。

2. 构、部件厚度的测量

1）墙体厚度的测量

墙体厚度通常使用卷尺、卡尺或超声波测厚仪进行测量。在墙体的不同位置（如墙角、门窗洞口旁边等）选取若干个点进行测量，并记录测量数据。对于多层墙体，应分别测量各层的厚度。

2）楼板厚度的测量

楼板厚度的测量可在楼板的下方进行，使用卡尺或钻孔取样方法进行。对于混凝土楼板，可使用超声波测厚仪进行无损测量。确保在多个位置进行测量，以获得楼板的平均厚度。

（1）超声波检测法：可使用超声波测厚仪等专业测量仪器进行测量。将仪器对准楼板表面，测量仪器会显示出楼板的厚度。如图 6-4 所示。

（2）钻孔法：在楼板上钻一个小孔，然后使用卡尺或测量仪器测量孔的深度，即可得到楼板的厚度。这种方法适用于楼板较厚的情况，但会对楼板造成一定的损坏。如图 6-5 所示。

图 6-4 超声波检测法

图 6-5 钻孔法

3）门窗框厚度的测量

门窗框的厚度可使用卡尺进行测量。在门窗框的顶部、底部和侧面分别进行测量，以获取全面的厚度数据。

4）保温层厚度的测量

保温层的厚度可使用卡尺或针式测厚仪在保温层的不同位置进行多点测量。对于较厚的保温层，可考虑在多个层次进行测量。

5）防水层厚度的测量

防水层的厚度通常使用卡尺或专用的防水层测厚仪在防水层不同位置进行多点测量，特别是在关键部位如墙角、管道周围等，以评估防水层的质量和厚度。

（二）构、部件现场位置测量定位

1. 基础现场位置测量定位

在基础垫层打好后，根据龙门板上的轴线钉或轴线控制桩，用经纬仪或用拉绳挂锤球的方法，将轴线投测到垫层面上。依据轴线控制线，用墨线弹出基础中心线和基础边线，并进行严格校核，如图 6-6 所示。

2. 墙、柱现场位置测量定位

根据轴网控制线，先在基础面或楼面弹出各分轴线，再根据分轴线和墙、柱的尺寸，图纸中墙、柱和轴线的位置关系，弹出墙、柱边线及控制线。同一柱列则先弹两端柱，再拉通线弹中间柱的轴线及边线，如图 6-7 所示。

图 6-6　基础现场位置测量定位

图 6-7　墙、柱现场位置测量定位

3. 门窗洞口现场位置测量定位

根据图纸中门窗洞口的尺寸和位置，在楼地面上放门窗洞口水平尺寸，如图 6-8 所示，窗台、门口、洞口的竖向标高一般通过皮数杆控制。

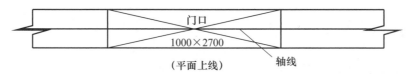

图 6-8　门窗洞口现场位置测量定位

第二节　放线

（一）结构施工控制线的引测

结构施工控制线的引测大致可以分三个阶段：建筑物定位放线、基础施工放线和主体施工放线。

1. 测量放线前的准备

（1）图纸准备：熟悉施工图纸，了解户主要求和相关规范，明确控制线的种类、位置和精度要求。

（2）测量仪器准备：选择合适的测量仪器，如水准仪、经纬仪等，并检查其精度和可靠性，如图 6-9 所示。

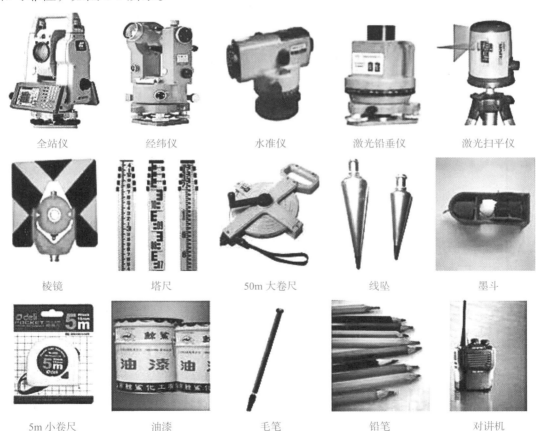

全站仪	经纬仪	水准仪	激光铅垂仪	激光扫平仪
棱镜	塔尺	50m 大卷尺	线坠	墨斗
5m 小卷尺	油漆	毛笔	铅笔	对讲机

图 6-9　测量仪器

（3）施工场地准备：清理施工现场，确保测量场地平整、开阔，无明显障碍物和沉降变形区域。

（4）人员组织：确定测量工匠，进行测量任务的分工和协调。

2. 建筑物定位放线

1）建筑物定位

（1）根据原有建筑定位

乡村房屋建设可根据与原有建筑物的位置关系定位，如图6-10所示。

① 根据村镇规划图提供的定位关系尺寸，定位时先将原有建筑物的MP、NK延长在AB上交得1点和2点，确保1、2点在AB直线上，由2点量至3点，再由3点量至4点。AB为规划基线。

② 分别在3、4点安置经纬仪测量90°而测定出EG、FH方向线。也可利用"勾三股四弦五"定出EG和FH方向线。

③ 在该方向线上分别测定出E、G、F、H点，即为外墙的四个轴线的交点，并打入木桩。该方法也适用于只有原建筑，没有建筑基线A、B的情况，只要先按一定的距离由原建筑假设AB直线即可。

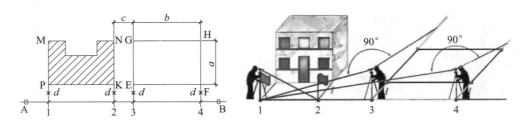

图 6-10　根据原有建筑物定位

（2）根据建筑红线定位

可根据拟建建筑物与村镇规划建筑红线的位置关系，利用建筑物用地边界点测设，如图6-11所示。

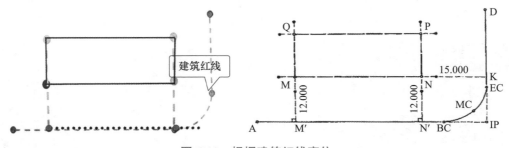

图 6-11　根据建筑红线定位

（3）根据控制点坐标定位

在建筑场地附近如果有已知的测量控制点可以利用，可根据控制点坐标及建筑物定位点的设计坐标，采用确定地面点的方法将建筑物测设定位到地面上，如图 6-12 所示。

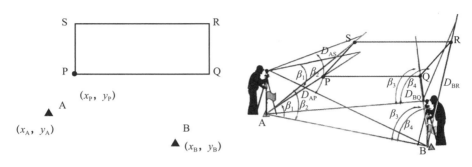

图 6-12　根据控制点坐标定位

2）建筑物的放线

根据已定位的外墙轴线交点桩（角桩），详细测设出建筑物各轴线的交点桩（或称中心桩）。放线方法如下：

（1）在外墙轴线周边测设中心桩位置，用钢尺量出相邻两轴线间的距离，定出其他轴线的交点位置。

（2）由于在开挖基槽时，角桩和中心桩要被挖掉，为了便于在施工中恢复各轴线位置，应把各轴线延长到基槽外安全地点，并做好标志。其方法有设置轴线控制桩和龙门板两种形式。

① 设置轴线控制桩。轴线控制桩设置在基槽外基础轴线的延长线上，作为开槽后各施工阶段恢复轴线的依据，轴线控制桩一般设置在基槽外 2～4m 处，打下木桩，桩顶钉上小钉，准确标出轴线位置，并用混凝土包裹木桩，如图 6-13 所示。如附近有建筑物，也可把轴线投测到建筑物上，用红漆做出标志，以代替轴线控制桩。

② 设置龙门板，将各轴线引测到基槽外的水平木板上。水平木板称为龙门板，固定龙门板的木桩称为龙门桩，如图 6-14 所示。设置龙门板的步骤如下：

a. 在建筑物四角与隔墙两端，基槽开挖边界线以外 1.5～2m 处，设置龙门桩。龙门桩要钉得竖直、牢固，龙门桩的外侧面应与基槽平行。

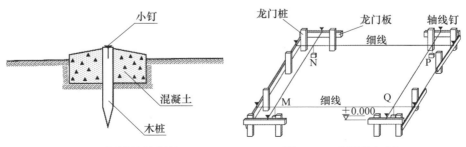

图 6-13　设置轴线控制桩　　　　图 6-14　设置龙门板

b. 根据施工场地的水准点，用水准仪在每个龙门桩外侧，测设出该建筑物室内地坪设计高程线（即 ±0.000 标高线），并做出标志。

c. 沿龙门桩上±0.000标高线钉设龙门板，这样龙门板顶面的高程就同在±0.000的水平面上。然后，用水准仪校核龙门板的高程，如有差错应及时纠正，其允许误差为±5mm。

d. 在 N 点安置经纬仪，瞄准 P 点，沿视线方向在龙门板上定出一点，用小钉做标志，纵转望远镜在 N 点的龙门板上也钉一个小钉。用同样的方法，将各轴线引测到龙门板上，所钉之小钉称为轴线钉。轴线钉定位误差应小于 ±5mm。

e. 用钢尺沿龙门板的顶面，检查轴线钉的间距，其误差不超过 1∶2000。检查合格后，以轴线钉为准，将墙边线、基础边线、基础开挖边线等标定在龙门板上。

3. 基础施工放线

1）基槽开挖深度的控制

当基槽开挖接近基底标高时，在槽壁上每隔一段距离设置一个水平控制桩，一般比基槽设计标高高出 0.5～1.0m，用于拉线找平基础底标高，如图 6-15 所示。水平桩可作为挖槽深度、修平槽底和打基础垫层的依据。

2）设计标高的控制标记

在开挖达到设计标高后，一般每隔 2～3m 钉一个 30mm×30mm 小木桩打入基底，并在小木桩周围撒上白灰点或白灰圈作为基槽开挖到位标记。

3）基础的放线

（1）在基槽开挖完成后，必须复核槽底的标高及几何尺寸，确认无误后准备混凝土垫层施工，混凝土垫层完成后进行基础放线。

（2）基础垫层打好后，根据轴线控制桩或龙门板上的轴线钉，用经纬仪或用拉绳挂锤球的方法，将轴线投测到垫层上，如图 6-16 所示，并用墨线弹出墙中心线和基础边线，作为基础施工的依据。

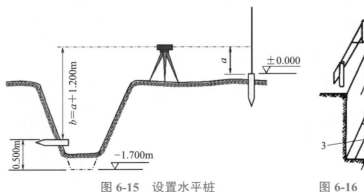

图 6-15　设置水平桩　　　图 6-16　垫层中线的投测

1—龙门板；2—细线；3—垫层；
4—基础边线；5—墙中线

4. 主体施工放线

1）首层墙体的定位放线

（1）利用轴线控制桩或龙门板上的轴线和墙边线标志，用经纬仪或拉绳挂锤球的方法将轴线投测到基础面上或防潮层上。

（2）用墨线弹出墙中线和墙边线。

（3）检查外墙轴线交角是否等于90°。

（4）把墙轴线延伸并画在外墙基础上，如图6-17所示，作为向上投测轴线的依据。

（5）把门、窗和其他洞口的边线，也在外墙基础上标定出来。

2）墙体各部位标高的控制

在墙体施工中，墙身各部位标高通常也是用皮数杆控制。

（1）在墙身皮数杆上，根据设计尺寸，按砖、灰缝的厚度画出线条，并标明±0.000、门、窗、楼板等的标高位置，如图6-18所示。

（2）墙身皮数杆的设立与基础皮数杆相同，使皮数杆上的±0.000标高与房屋的室内地坪标高相吻合。在墙的转角处、每隔10～15m设置一根皮数杆。

（3）在墙身砌起1m以后，就在室内墙身上定出 + 0.500m 的标高线，作为该层地面施工和室内装修用。

（4）第二层以上墙体施工中，为了使皮数杆在同一水平面上，要用水准仪测出楼板四角的标高，取平均值作为楼面标高，并以此作为立皮数杆的标志。

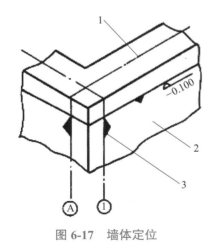

图 6-17　墙体定位

1—墙中心线；2—外墙基础；3—轴线图

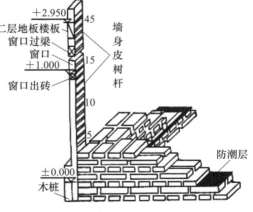

图 6-18　墙身皮数杆的设置

3）结构施工控制线的引测

主体结构施工在楼层内建立轴线控制网，控制点不少于 4 个，如图6-19所示。

结构放线采用双线控制，控制线与定位线间距按照 300mm 引测；轴线、墙柱控制线、周边方正线在混凝土浇筑完成后同时引测，如图 6-20 所示。所有主控线、轴线交叉位置必须采用红色油漆做好标识，如图 6-21 所示。

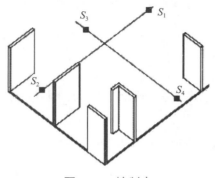

图 6-19　控制点

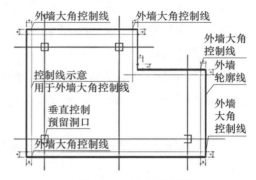

图 6-20　控制线示意

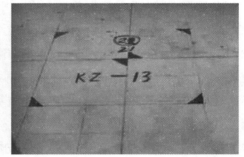

图 6-21　放线红色油漆标识

【小贴士】测量前要对仪器进行准确校准，保证测量结果的准确性；测量过程中要遵循规定的操作流程和精度要求，避免误差的产生；在恶劣天气条件下，如风雨、高温等，应尽量避免进行测量作业，以保证测量人员的安全和测量结果的准确性。

（二）装饰施工控制线的引测

装饰施工控制线有装饰基准线、水平线、装饰完成面线和施工定位线"四线"，装饰工程控制线的引测，是以建筑轴线（土建基准线）和标高为依据，指导整个施工过程的控制线，它就是装饰控制的定位线。在施工现场对图纸标注的内容按 1：1 比例对地面、墙面、顶面进行精确细致的投放出线，如图 6-22、图 6-23 所示。

图 6-22　土建原始基准线

图 6-23　土建原始水平线

1. 装饰基准线的引测

由土建基准线引出装饰纵向、横向基准线。根据装饰施工图的要求，在施工现场复核土建纵向、横向基准线是否在允许偏差内。误差在允许范围内，则原土建基准线可直接作为装饰基准线使用，再延伸出各区域中线作为分支装饰基准线。误差比较大时，在原土建基准线的基础上，进行施工现场二次纠偏复测，即平行移线调整，以达到纠偏满足施工图纸的要求，再确定为装饰基准线并用红色自喷漆，喷好主基准线标注。以主基准线为直角坐标系，测设各房间十字基准线，将这些线投放到地面、墙面及顶棚，并用红漆做好标记，以便在施工中复测，十字交叉点就是装饰工程基准点，如图 6-24 所示。

图 6-24　装饰纵向、横向基准线

基准线的正确使用：在主基准线的基础上延伸到每个角落，放线环节必须工匠亲自参加，确保整个放线过程无误、可控，做到心中有数。

2. 水平线的引测

由土建提供的建筑标高水平点，贯穿各楼层地面、空间标高的控制线。

依据土建提供的各楼层建筑水平点（＋1.0m）对各房间墙面放出水平线。它是控制装饰工程所需高度的定位线，完成水平线闭合，对楼层建筑地面进行复核。复核后楼层建筑地面误差在允许范围内，则采用土建提供的水平点（＋1.0m），作为各楼层施工水平线；如果复核后偏差太大，必须重新确定水平线（＋1.0m），工匠按照新确认的水平线进行定位施工。如图6-25所示。

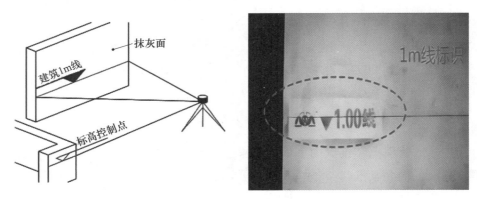

图6-25　水平＋1.0m线

3. 装饰完成面线的引测

依据装饰基准线，按施工图要求投放出的装饰完成面线及基层完成面线，主要包括墙面完成面线、吊顶完成面标高线、地面完成面线。

（1）墙面完成面线投放于地面和墙面阴角处，且上墙高度不低于顶面完成面，如图6-26所示。

（2）吊顶和地面完成面线则投放于四周墙面，如图6-27、图6-28所示。

图6-26　墙面完成面线　　　　图6-27　吊顶完成面标高线　　　　图6-28　地面完成面线

（3）投放墙面完成面线时，应充分复测墙柱面平整度、垂直度、角度方正等土建自身偏差；同时也充分了解饰面材料的物理性能和技术参数以及末端设备管道安装所需空间（包括规格尺寸、收缩性、安装方式等）。注意留缝和节点收口的合理性，确保预留尺寸满足饰面施工拼装需要。

4. 施工定位线的引测

依据装饰基准线，按照装饰施工图投测施工定位线，作为施工参照、引用、控制、测量、下单、包装、运输、二次转运及安装的依据。主要包括主次通道中线、门窗中线、分区定位线、背景/造型中线、墙面饰面定位线、(饰面分界线)、(饰面排版线)、阴阳角定位线、吊顶/造型投影线、地面拼花中线、家具定位线、给水管/强电线管/弱电线管隐蔽线。

（1）主次通道中线是根据通道两侧已放装饰完成面线，按照装饰施工图尺寸测量出通道中点所投放的中间施工定位线，主通道与次通道在无特殊角度或弧度的情况下，应保证90°垂直或平行。此线作为地面排版、吊顶排版、吊顶造型以及天花末端（风口、喷淋、喇叭、灯具、烟感等）等施工定位所直接引用的依据。另外，应复核室内通道或入口中线与室外中线或雨棚中线是否一一对应，如图6-29所示。

（2）门窗施工定位线包括门窗中线和门窗基层定位线。根据通道完成面线和通道中线，依据装饰施工图要求投放门窗中线以确定门窗平面安装位置（施工现场能一次性放出通道中线与门中线就一步到位，减少重复投放）；同时，根据门窗设计尺寸要求和成品门窗安装连接构造，确定与基层施工定位线（门套与基层的连接空隙一般控制在8mm±2mm）加上门套基层制作所需厚度，复测土建预留门洞位置和宽高是否符合门套基层制作和成品门窗安装需要，根据实际预留情况进行基层找补，如图6-30、图6-31所示。

图6-29 通道中心线　　　　图6-30 门中心线　　　　图6-31 窗中心线

（3）分区定位线是区分区域的控制线，它是依据施工图的要求，将不同的区域间的相关相邻位置区分开，如干湿区的区分、玄关区分、客房内外的区分等，使每个区间有一定的控制范围及内容。如客房装修中，户内卫生间与卧室的区分都是按照施工图的要求来完成定位的。其意义在于干湿区确定后，就能将卧室内的电视机及床中心线投放出来，此线为干区"灵魂线"，主控干区内各机电末端点位定位以及家具功能性定位。还要注意的是功能性的要求，在分区定位放线时，要考虑到满足功能性。

如入户门开启时，能顺畅打开到 90° 后不会碰到任何物件且保证开启后的最小值，如图 6-32、图 6-33 所示。

（4）阴阳角定位线是依据施工图要求，结合施工现场放出的偏差校正后的定位线，它是原结构也存在的实体阴阳角，部分因图纸要求改变的定位线，也是墙面完成面线在此区域投放的位置，如图 6-34、图 6-35 所示。

（5）吊顶／造型投影线是依据施工图要求，在确定 ±0.000 标高后，在墙面投放出吊顶／造型高度的线。它是指导吊顶以上各工序施工环节能够正常施工的定位线，也是检查其他工序在吊顶以上施工是否存在偏差的依据，如图 6-36、图 6-37 所示。

图 6-32　客房走道分区线

图 6-33　干湿分区线

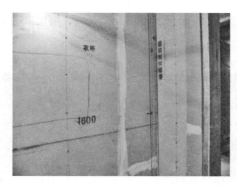

图 6-34　阴角定位线

图 6-35　阳角定位线

图 6-36　吊顶投影线

图 6-37　造型投影线

（6）家具定位线是依据基准线按照施工图要求放出的相关功能的定位线，如图 6-38、图 6-39 所示。

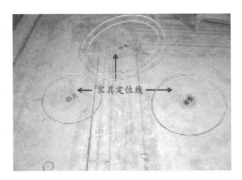

图 6-38　家具定位线（1）　　　图 6-39　家具定位线（2）

（三）建筑物各层标高的引测

建筑物各层标高的引测是施工过程中的一项重要任务，它确保了各楼层在同一水平面上，从而使建筑物能够按照设计要求进行建造。以下是建筑物各层标高引测的基本步骤：

（1）准备工作：在开始引测前，需要准备好相关的测量工具，如水准仪、标尺、测量绳等。同时，要确保建筑物各层楼面的清洁，以减少测量误差。

（2）水准点的确定：选择一个稳定的水准点，通常是建筑物的底层或基础层。在这个水准点上，使用水准仪进行高程测量，并以此为起点进行引测，如图 6-40 所示。水准点应设于坚实、不下沉、不碰动的地物上或永久性建筑物的牢固处。也可设置于外加保护的深埋木桩或混凝土桩上，并做出明显标志。

（3）架设仪器：将标高引测仪放置在基准点上，调整水平仪确保仪器水平。然后，使用钢尺将所需楼层的高度传递到基准点，并标记出该楼层的高度。

（4）逐层引测：从水准点开始，使用测量绳和标尺逐层向上或向下引测。每一层的标高都需要与基准点进行比较，以确保各层之间的标高差符合设计要求。

① 基础阶段：高程测量直接用水准仪由地面上高程控制点进行引测。要注意标高的控制，注意不要超挖，基槽较深就要一步一步传递，可在基坑边上测出标高，这样每次可从此位置用钢尺检查，如图 6-41 所示。

② 主体阶段：结构施工时，在首层施工完成后，将高程控制点引至外壁无遮挡的柱身上，或在楼梯间，随着结构上升，用钢卷尺将高程向上传递。每砌高一层，就从楼梯间用钢尺从下层的 "＋0.500m" 标高线，向上量出层高，测出上一层的 "＋0.500m" 标高线。这样用钢尺逐层向上引测。

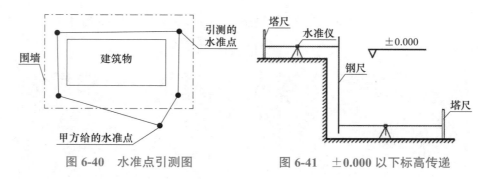

图 6-40　水准点引测图　　　　　图 6-41　±0.000 以下标高传递

（5）误差的调整：如果发现有误差存在，需要及时进行调整。对于误差较小的情况，可以通过调整仪器或重新引测来解决；对于误差较大的情况，可能需要重新进行施工或者修正。

（6）数据的记录：在每一层进行标高引测时，需要详细记录测量数据。

（7）质量把控：在整个标高引测和调整过程中，需要严格把控质量关。对每个环节进行认真检查和验收，确保每一步工作的准确性和可靠性。

（四）建筑物各层轴线、控制线的引测

在乡村房屋建设过程中，为了保证建筑物轴线位置正确，可用吊锤球或经纬仪将轴线投测到各层楼板边缘或柱顶上，再根据轴线引测构件边线和控制线。

1. 吊锤球引测

将较重的锤球悬吊在楼板或柱顶边缘，当锤球尖对准基础墙面上的轴线标志时，线在楼板或柱顶边缘的位置即为楼层轴线端点位置，并画出标志线，如图 6-42 所示。各轴线的端点投测完后，用钢尺检核各轴线的间距，符合要求后，继续施工，并把轴线逐层自下向上传递。

【小贴士】吊锤球法简便易行，不受施工场地限制，一般能保证施工质量。但当有风或建筑物较高时，其投测误差较大，应采用经纬仪投测法。

2. 经纬仪引测

在轴线控制桩上安置经纬仪，整平后，瞄准基础墙面上的轴线标志，用盘左、盘右分中投点法，将轴线投测到楼层边缘或柱顶上，如图 6-43 所示。将所有端点投测到楼板上之后，用钢尺检核间距，相对误差不得大于 1/2000。检查合格后，方可在楼板分间弹线，继续施工。

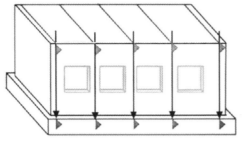

图 6-42 吊锤球引测轴线

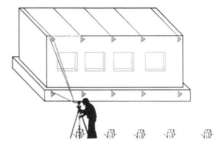

图 6-43 经纬仪引测轴线

第七章 建筑工程施工

第一节 加工制作

（一）砖、砌块、瓷砖等在施工前的处理

1. 砖、砌块、瓷砖等的浇水湿润

烧结砖、蒸压灰砂砖、蒸压粉煤灰砖等砖墙砌筑前1~2天用水润湿砖，如图 7-1 所示，主要是防止干燥的砖吸水，降低砂浆流动性，影响砖与砂浆的粘结力，降低砌体强度和砂浆强度，因此严禁干砖上墙砌筑。砖的润湿程度，一般以水浸入砖四边 1.5cm 为宜，要注意不能将砖浇得过湿而使砖不能吸收砂浆中的多余水分，影响砂浆的密实性、强度和粘结力，而且还会产生堕灰和砖块滑动现象，使墙面不洁净，灰缝不平整，墙面不平直，因此雨季不得使用含水率达到饱和的砖砌墙，因为浇水后砖表面会形成一层水膜，影响砂浆的粘结力。冬期施工砖浇水有困难，可增加砂浆稠度来解决砖含水率不足而影响砌筑质量的问题，但砂浆最大稠度不得超过 130mm。

砖的品种、强度等应符合设计要求，并应规格一致。用于清水墙、柱表面的砖，应边角整齐，色泽均匀，无出厂证明的砖要送实验室鉴定。要求普通黏土砖、空心砖含水率为 10%~15%。施工中可将砖砍断，其断面四周的吸水深度达 10~20mm 即认为合格，灰砂砖、粉煤灰砖含水率宜为 5%~8%。砖应尽量不在脚手架上浇水，如砌筑时砖块干燥，操作困难时，可用喷壶适当补充浇水。

中小型砌块砌筑前一天，应将预砌中小型砌块墙与原结构相接处浇水湿润，确保砌体粘结，加气混凝土砌块、蒸压粉煤灰砌块可在砌筑面上适量洒水。当采用专用砌筑砂浆砌筑时，应根据材料特性及专用砌筑砂浆的要求确定是否浇水及浇水方式。

普通混凝土小砌块，如图 7-2 所示，不宜浇水。当天气干燥炎热时，可在砌块上稍加喷水润湿，轻集料混凝土小砌块施工前可洒水，但不宜过多。

龄期不足 28 天及潮湿的小砌块不得进行砌筑，应尽量采用主规格小砌块，小砌块的强度等级应符合设计要求，并应清除小砌块表面污物和芯柱用小砌块孔洞底部的毛边。

| 图 7-1　砖浇水润湿 | 图 7-2　普通混凝土小砌块 |

瓷砖在铺贴前是否需要泡水取决于其吸水率，吸水率大于 0.5% 的瓷砖需要泡水，如图 7-3 所示，而吸水率小于 0.5% 的瓷砖则不需要泡水，瓷砖吸水情况如图 7-4 所示。泡水前应检查瓷砖背部是否有脱膜剂或蜡，处理干净后再进行泡水。泡水后瓷砖应自然晾干，避免直接使用水泥砂浆粘贴，应掌握相应的粘贴技巧，避免出现空鼓和脱落等问题。

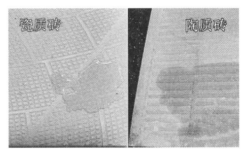

| 图 7-3　瓷砖浸泡 | 图 7-4　各类瓷砖的吸水情况 |

瓷砖依据吸水率不同，分为瓷质砖（吸水率 $E \leqslant 0.5\%$）、细炻瓷砖（吸水率 $3\% \leqslant E \leqslant 6\%$）、炻质砖（吸水率 $6\% \leqslant E \leqslant 10\%$）、陶质砖（吸水率为 10% 以上）等。家庭的墙砖主要是炻质砖和陶质砖，这类瓷砖吸水率一般大于 5%，需要浸泡 2 小时以上并清洗干净，取出后晾干表面水分方可使用。

2. 砖、砌块、瓷砖的加工处理

烧结普通砖按主要原料可分为黏土砖（N）、页岩砖（Y）、煤矸石砖（M）和粉煤灰砖（F）。砖的外形为直角六面体，其公称尺寸为长 240mm、宽 115mm、高 53mm，常用配砖规格为 175mm×115mm×53mm，装饰砖的主规格同烧结普通砖，配砖、装饰砖的其他规格由供需双方协商确定。

砍砖是为了满足砌体的错缝要求，一般用瓦刀或刨锛作为砍凿工具，当所需形状比较特殊且用量较大时，也可利用扁头钢凿、尖头钢凿配合锤子砍凿。砍凿尺寸的控制一般是利用砖作为模数来画线的，其中"七分头"用得最多。可以在瓦刀柄和刨锛把上先量好位置，刻好标记槽，以提高工效。

　　砖的 240mm×115mm 面称为大面，240mm×53mm 面称为顺面，115mm×53mm 面称为顶面。砌砖时，根据错缝搭接要求，将砖砍成不同的尺寸，把整砖横向砍去 1/4，称 3/4 砖，即七分头；砍去 1/2，称 1/2 砖，即半砖；用 1/4 分砖，称 1/4 砖，即二寸头。如果把砖顺向对劈，称二寸条，如图 7-5 所示。

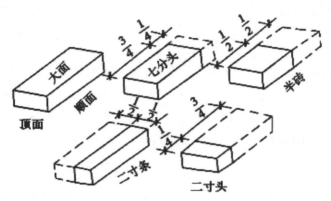

图 7-5　整砖及砍砖的各部分名称

　　砍七分头砖，七分头砖即长度为 3/4 砖长的砖，其尺寸为 180mm×115mm×53mm。其砍凿工序为：选砖，要求砖外观平整、内在质地均匀→左手持砖，条面向上→以瓦刀或刨锛所刻标记量测砖块→在砖条面画线痕→用砖刀或刨锛砍下二分头，如图 7-6 所示。

　　二寸条砖即宽度为 1/2 砖宽的砖，尺寸为 240mm×57.5mm×53mm。其砍凿工序为：选砖，要求外观平整、内在质地均匀→两个面画线痕→用砖刀或刨锛在砖的两个顶面上各砍一下→用砖刀口轻轻叩打砖的两个大面并逐渐加力→最后在砖的两个顶面用力砍成二寸条。另外，还常需要砍凿的有二寸头砖和半砖，七分头砍凿所剩下的那部分就是二寸头砖，尺寸为 115mm×60mm×53mm，即 1/4 砖长，半砖即 1/2 砖长的砖。

　　蒸压加气混凝土砌块是一种节能、利废、环保的新型墙体材料；蒸压加气混凝土砌块具有质轻、隔热、保温、防火、抗震等优点；加气混凝土还具有很好的加工性能，能锯、能刨、能钉、能铣、能钻，如图 7-7 所示。

　　瓷砖从使用部位分，主要有外墙砖、内墙砖和特殊部位的造型砖 3 种。从烧制的材料及其工艺分，主要有陶瓷锦砖、陶质地砖、红缸砖、石塑防滑地砖、瓷质地砖、抛光砖、釉面砖、玻化砖等。为了提高美观度，真正对室内建筑起到美观装饰作用，可对瓷砖进行加工。瓷砖的加工方式有切割、打孔、倒角、圆边，另外还有开槽、L 槽、抛光、水刀拼花、喷砂浮雕、瓷砖美缝。

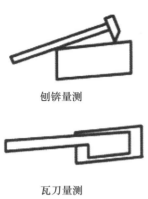

刨锛量测

瓦刀量测

图 7-6 砍七分头砖

图 7-7 蒸压加气混凝土砌块的切割

瓷砖切割可以采用手动切割和机械切割两种方法，手动切割需要使用专门的工具，如普通工具切割器、异型切割器等，而机械切割则需要使用砖切割机等工具。在进行瓷砖切割时，需要注意切割线的精度、速度、压力等因素，以避免瓷砖出现缺口或损坏，如图 7-8 所示。

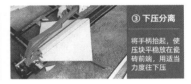

图 7-8 瓷砖切割

瓷砖打孔是指在瓷砖表面或边缘开孔，用于固定、通风或排水，打孔需要使用钻孔机等专业设备，需要注意刀具的选择和转速，以保证孔洞的精度和平整度。首先确认打孔位置，如果是在已安装的瓷砖上打孔，要避开水管和电线管后确认所需要的位置，对于确定好的位置进行标注，对着标记位置的倾斜方向进行打磨，等到定位完成之后，再做下一步的打孔，刀头对准打孔位置，轻轻压住瓷砖开孔器，并确保垂直于瓷砖表面，使用适当的速度和压力，开始转动瓷砖开孔器，逐渐加大力度，直到刀头完全穿透瓷砖，如图 7-9 所示。在打孔过程中，可以适当加水以冷却瓷砖开孔器，减少瓷砖表面的磨损。

图 7-9 瓷砖打孔

转角瓷砖相连形成的夹角，凹进去的是阴角，而凸出来的就是阳角。在铺贴瓷砖阳角时，为了让瓷砖阳角贴合得更紧密美观，可使用专门的阳角线条来处理阳角，如图 7-10 所示，将线条粘贴在阳角处，使其与周围的墙面形成一个整体，不过最常用的方式是倒角。

倒角主要是对瓷砖铺贴的阳角进行处理的一种方式，将两块瓷砖都磨成 45° 角，然后对角贴上，再用粘结剂填补，如图 7-11 所示。处理得当的倒角要比直接采用阳角线更为美观、上档次，施工时注意不要把瓷砖磨得太薄，以免后期容易出现开缝处开裂问题。

瓷砖磨边是指对瓷砖边缘进行磨圆处理，顾名思义便是将瓷砖的边角处都磨平磨圆，使其边缘更为平滑、美观，以免过于锋利，如图 7-12 所示。瓷砖磨边需要使用砖磨机等专业设备，一般分为干磨和水磨两种方式，水磨磨边可以减少磨屑、降低噪声，但需要注意防止水浸入瓷砖表面，影响其质量。瓷砖磨边后可以应用在楼梯台阶的圆边、窗台石、灶台台面上。

图 7-10　瓷砖边角处理　　　图 7-11　瓷砖倒角　　　图 7-12　瓷砖磨边

（二）施工工具的制作与使用

1. 皮数杆的制作与使用

皮数杆是指在其上画有每皮砖和灰缝厚度，以及门窗洞口、过梁、楼板等高度位置的一种木制标杆，砌筑时用来控制墙体竖向尺寸及各部位构件的竖向标高，并保证灰缝厚度的均匀性，控制楼层和洞口标高，是瓦工砌墙时竖向尺寸挂线的依据。可根据设计要求，将砖规格、灰缝厚度（皮数）及竖向结构的变化部位在皮数杆上标明，如图 7-13 所示。

皮数杆一般采用 50mm×70mm 的木方，木方长度应略高于一个楼层的高度，基础部分由 ±0.000 向下画到垫层顶面，基础以上由 ±0.000 向上画到第二层檐口。

在皮数杆上面画上砌墙每皮砖的尺寸，一般这个尺寸包括砌体的厚度与灰缝的厚度。在画尺寸时注意考虑砌墙的高度，合理分配灰缝的厚度，一般烧结普通砖的灰缝应控制在 8～12mm 之间。每一皮砖的尺寸在皮数杆上画定以后，在墙体砌筑时放在直型墙的两端，然后将最底下的一皮砖的位置抄平固定好，砌墙时只需要在两头的皮数杆上带上一条线然后按照线砌筑，可以保证墙体的灰缝水平均匀，如图 7-14 所示。

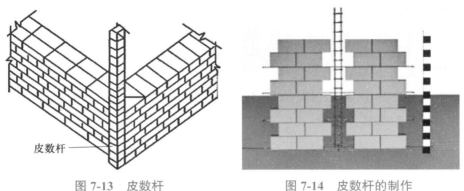

图 7-13　皮数杆　　　　　　　图 7-14　皮数杆的制作

在皮数杆上画窗口的尺寸时，窗框的上口与过梁之间留 10~15mm 的空隙，窗框的下口与窗台砖之间留 25~30mm 的空隙。这些空隙是为了防止以后抹灰时捻框，窗台砖之间的空隙稍大是为了以后抹灰时给外窗台留出一个排水坡度。

皮数杆的立法要注意，当采用外脚手架砌筑时，皮数杆立在墙外侧，如图 7-15 所示。当采用里脚手架砌筑时，皮数杆立在墙内侧。

皮数杆应立在墙的四个大角及纵横墙交错处，如图 7-16 所示。当外墙较长时，应每隔 10~15m 竖立一根。

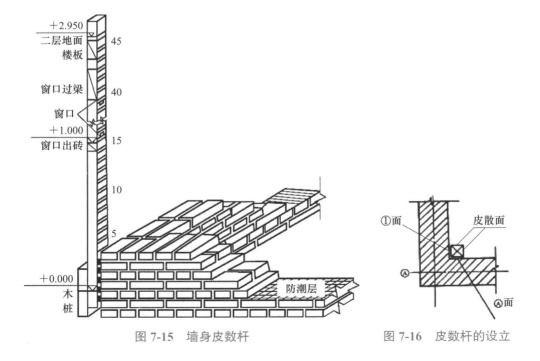

图 7-15　墙身皮数杆　　　　　　图 7-16　皮数杆的设立

各皮数杆都应立在同一标高上，并要检查复核皮数杆上的 ±0.000 点的标高。皮数杆架立后，应从两个方向用斜撑支住皮数杆或用锚钉加固，以确保其垂直度，每次砌筑前应检查一遍皮数杆的垂直度和牢固程度。

2. 其他手工工具使用

（1）大铲如图 7-17 所示，以桃形居多，是三一砌筑法的主要工具，主要用于铲灰、铺灰和刮灰，也可用于调和砂浆。

（2）瓦刀如图 7-18 所示，又称泥刀，用于涂抹、摊铺砂浆，砍削砖块，打灰条，铺瓦，也可用于校准砖块位置。

桃形大铲　三角形大铲　长方形大铲

图 7-17　大铲　　　　　　　　　　图 7-18　瓦刀

（3）刨锛如图 7-19 所示，主要用于打砖或做小外向锤用。

（4）砖夹子如图 7-20 所示，用于装卸砖块，避免对工人的手指和手掌造成伤害，由施工单位用直径为 16mm 的钢筋锻造制成，一次可夹 4 块标准砖。

（5）筛子如图 7-21 所示，用于筛砂，筛孔直径有 4mm、6mm、8mm 等数种。筛细砂可用铁纱窗钉在小木框上制成小筛。

（6）铁锹如图 7-22 所示，用于挖土、装车、筛砂。

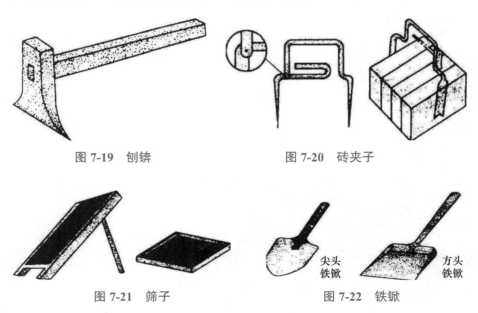

图 7-19　刨锛　　　　　　　　　图 7-20　砖夹子

尖头铁锹　　方头铁锹

图 7-21　筛子　　　　　　　　图 7-22　铁锹

（7）工具车如图 7-23 所示，用于运输砂浆和其他散装材料，轮轴宽度小于 900mm，以便于通过门槛。

（8）灰槽如图 7-24 所示，供砖瓦工存放砂浆用，用 1～2mm 厚的薄钢板制成，适用于三一砌筑法。

（9）灰桶如图 7-25 所示，供短距离传递砂浆及瓦工临时储存砂浆，分木制、铁制、橡胶制三种，大小以装 10～15kg 砂浆为宜，披灰法及摊尺法操作时使用。

（10）溜子又称勾缝刀，如图 7-26 所示，用 $\phi 8$ 钢筋打扁安装木把或用 0.5～1mm 厚的钢板制成，用于清水墙、毛石墙勾缝。

（11）托灰板如图 7-27 所示，用不易变形的木材制成，用于承托砂浆。

（12）抿子如图 7-28 所示，用 0.8～1mm 厚的钢板制成，并铆上执手安装木柄，用于石墙拌缝勾缝。

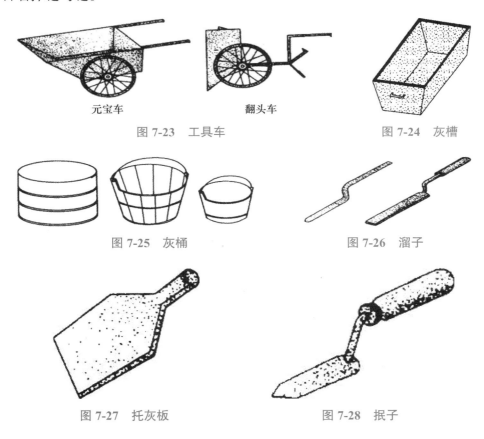

元宝车　　　　　翻头车

图 7-23　工具车　　　　　　　　　　图 7-24　灰槽

图 7-25　灰桶　　　　　　　　　　图 7-26　溜子

图 7-27　托灰板　　　　　　　图 7-28　抿子

（三）防水卷材的加工

1. 防水卷材的选用

防水卷材是指可卷曲成卷状的柔性防水材料，在建筑防水材料的应用中处于主导地位，面广量大，如图 7-29、图 7-30 所示。常用的防水卷材按材料的组成不同，一般分为沥青防水卷材，高聚物改性沥青防水卷材和合成高分子防水卷材三大类。

图 7-29　高聚物改性沥青防水卷材　　　　图 7-30　合成高分子防水卷材

沥青防水卷材具有防水性能良好、价格低廉的特点，但存在低温柔性差、温度敏感性大、防水耐用年限较短的缺点，属于低档防水卷材；高聚物改性沥青防水卷材具有高温不流淌、低温不脆裂、拉伸强度高、延伸率较大等特点，属于中低档防水卷材；合成高分子防水卷材具有拉伸强度和抗撕裂强度高、断裂伸长率大、耐热性和低温柔性好、耐腐蚀、耐老化等特点，是新型高档防水卷材。

防水卷材的选用首先要看包装、标识是否规范。标识上必须注明生产厂名、商标、产品标记、生产日期或批号、生产许可证号、贮存与运输注意事项，卷材的贮存期一般不超过一年。卷材表面要平整，不允许有孔洞、缺边、裂口、疙瘩等现象，胎基上不应有未被浸透的条纹，端头无明显渗油，厚度要均匀，立放端部应无明显变形现象。

不同的建筑物在防水材料的选择上也会有所不同，例如在家庭住宅的屋面防水中，常用的防水卷材有聚合物改性沥青防水卷材和 PVC 防水卷材等；而在地下室等需要防水的地方，通常采用聚合物改性沥青防水材料等，如图 7-31 所示。不同类型的防水卷材施工工艺也不同，应根据实际情况选择适合的施工工艺，例如涂刷型防水卷材适合于较为平整的基层表面，而冷热熔结型则适合于复杂的基层表面。

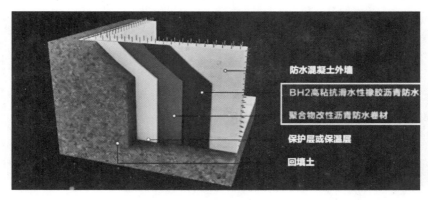

图 7-31　地下室防水

不同类型的防水卷材厚度不同，一般应根据实际需要选择，例如地下室、洗手间等地方一般对防水性能要求较高，可以选择厚度较大的防水卷材；地下防水层长年浸泡在水中或十分潮湿的土壤中，防水材料必须耐水性好，不能用易腐烂的胎体制成的卷材；底板防水层应用厚质的，并且有一定抵抗扎刺能力的防水材料，如果选用合成高分子卷材，最宜热焊合接缝。

卷材防水层应采用合成高分子防水卷材和高聚物改性沥青防水卷材，所选用的基层处理剂、胶粘剂、密封材料等配套材料，均应与铺贴的卷材相匹配。聚氯乙烯防水卷材是合成高分子防水卷材，其长度、厚度应不小于规格值的99.5%，厚度不应小于1.20mm，厚度允许偏差和最小单值见表7-1，卷材的接头不应多于一处，其中较短的一段长度不应小于1500mm，接头应剪切整齐，并应加长150mm。卷材表面应平整、边缘整齐，无裂纹、孔洞、气泡和疤痕。

防水卷材的厚度   表7-1

厚度（mm）	允许偏差（%）	最小单值（mm）
1.20		1.05
1.50	−5，＋10	1.35
1.80		1.65
2.00		1.85

弹性体改性沥青防水卷材胎基应浸透，不应有未被浸渍处，成卷卷材应卷紧、卷齐，端面里进外出不得超过10mm。成卷卷材在4～50℃任一产品温度下展开，在距卷芯1000mm长度外不应有10mm以上的裂纹。卷材表面必须平整，不允许有孔洞、缺边和裂口，矿物粒料粒度应均匀一致并紧密地粘附于卷材表面。每卷卷材接头处不应超过一个，较短的一段不应少于1000mm，接头应剪切整齐，并加长150mm。弹性体沥青防水卷材以玻纤毡（G）或聚酯毡（PY）作为胎基，根据不同型号，其物理性能应符合表7-2的规定。

弹性体沥青防水卷材技术指标   表7-2

序号	胎基		PY		G	
	型号		I	II	I	II
1	不透水性	压力（Mpa）	0.3		0.2	0.3
		保持时间（min）	30			
2	耐热度（℃）		90	105	90	105
			无滑动、流淌、滴落			

续表

序号	胎基		PY		G	
	型号		I	II	I	II
3	拉力（N/50mm）	纵向	450	800	350	500
		横向			250	300
4	最大拉力时延伸率（%）	纵向	30	40		
		横向				
5	低温柔度		−18	−25	−18	−25

2. 防水卷材的加工

卷材防水多用于屋面和地下工程防水，属柔性防水屋面，其优点是质量轻，防水性能较好，尤其是防水层，具有良好的柔韧性，能适应一定程度的结构振动和胀缩变形；缺点是造价高，特别是沥青卷材易老化、起鼓，耐久性差，施工工序多，工效低，维修工作量大，产生渗漏时修补、找漏困难等。

卷材防水屋面一般由结构层、隔气层、保温层、找平层、防水层和保护层组成，如图 7-32 所示。其中，隔气层和保温层在一定的气温条件和使用条件下可不设。

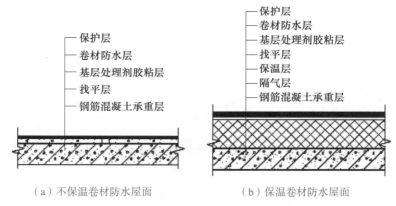

（a）不保温卷材防水屋面　　　（b）保温卷材防水屋面

图 7-32　卷材防水屋面构造层次示意图

1）卷材防水的一般规定

（1）卷材的铺贴方向。屋面坡度小于 3% 时，卷材宜平行屋脊铺贴；屋面坡度在 3%～16% 时，卷材可平行或垂直屋脊铺贴；屋面坡度大于 16% 或屋面受振动时，沥青防水卷材应垂直屋脊铺贴，如图 7-33 所示。高聚物改性沥青防水卷材和合成高分子防水卷材可平行或垂直屋脊铺贴，上、下层卷材不得相互垂直铺贴。

（2）卷材的铺贴方法。卷材防水层上有重物覆盖或基层变形较大时，应优先采用空铺法、点粘法、条粘法或机械固定法，如图 7-34 所示。但距屋面周边 800mm 内以及叠层铺贴的各层卷材之间应满粘。

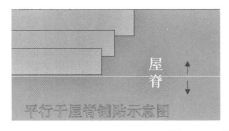

图 7-33　卷材的铺贴方向

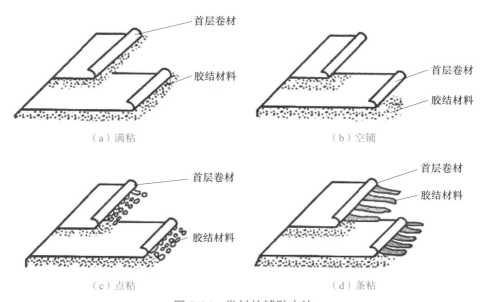

图 7-34　卷材的铺贴方法

防水层采取满粘法施工时，找平层的分格缝处宜空铺，空铺的宽度宜为 100mm；卷材屋面的坡度不宜超过 26%，当坡度超过 26% 时应采取防止卷材下滑的措施。

（3）卷材铺贴的施工顺序。屋面防水层施工时先处理屋面排水比较集中的部位，然后由屋面最低处向上进行，铺贴天沟、檐沟卷材时，宜顺天沟、檐沟方向，减少卷材的搭接。如图 7-35 所示。

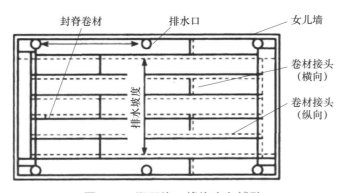

图 7-35　顺天沟、檐沟方向铺贴

　　铺贴多跨和有高低跨的屋面时，应按先高后低、先远后近的顺序进行。等高的大面积屋面，先铺贴离上料地点较远的部位，后铺贴较近的部位。划分施工部位时，其界限宜设在屋脊、天沟、变形缝处。

　　（4）搭接方法和宽度要求。卷材铺贴应采用搭接法。相邻两幅卷材的接头还应相互错开300mm以上，以免接头处多层卷材因重叠而粘结不实。叠层铺贴，上、下层两幅卷材的搭接缝也应错开1/3幅宽，如图7-36所示。

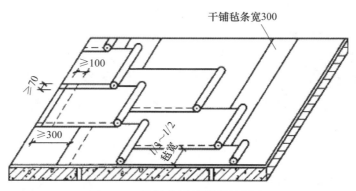

图7-36　卷材水平铺贴搭接要求

　　当采用高聚物改性沥青防水卷材点粘或空铺时，两头部分必须全粘500mm以上，平行于屋脊的搭接缝，应顺水流方向搭接；垂直于屋脊的搭接缝，应顺年度最大频率风向搭接。叠层铺设的各层卷材，在天沟与屋面的连接处应采用交叉接法搭接，搭接缝应错开，接缝宜留在屋面或天沟侧面，不宜留在沟底。铺贴卷材严禁在雨、雪及大风（五级及以上）等恶劣天气中施工；冷粘法、自粘法施工的环境温度不宜低于5℃，热熔法、焊接法施工的环境温度不宜低于-10℃。施工过程中下雨或下雪时，应做好已铺卷材的防护工作。各种卷材的搭接宽度应符合表7-3的要求。

卷材搭接宽度（mm）　　　　　　　　　　　　　　　　表7-3

铺贴方法 卷材种类		短边搭接		长边搭接	
		满粘法	空铺、点粘、条粘法	满粘法	空铺、点粘、条粘法
沥青防水卷材		100	150	70	100
高聚物改性沥青防水卷材、 自粘橡胶沥青防水卷材		80	100	80	100
合成高分子 防水卷材	胶粘剂	80	100	80	100
	胶粘带	50	60	50	60
	单焊缝	60，有效焊接宽度不小于25			
	双焊缝	80，有效焊接宽度10×2＋空腔宽			

2）沥青防水卷材施工工艺

（1）基层清理。施工前清理干净基层表面的杂物和尘土，并保证基层干燥。卷材防水层的基面应坚实、平整、清洁，阴、阳角处应做圆弧或折角，并应满足所用卷材的施工要求。干燥程度的建议检查方法是将 $1m^2$ 卷材平坦地干铺在找平层上，静置3～4h后掀开检查，找平层覆盖部位与卷材上未见水印，即可认为基层干燥。

（2）喷涂冷底子油。先将沥青加热熔化，使其脱水至不起泡为止，然后将热沥青倒入桶内，冷却至110℃，缓慢注入汽油，边注入边搅拌均匀。冷底子油采用长柄棕刷进行涂刷，一般1～2遍成活，要求均匀一致，不得漏刷和出现麻点、气泡等缺陷；第二遍应在第一遍冷底子油干燥后再涂刷，冷底子油亦可采用机械喷涂。

（3）油毡铺贴。油毡在铺贴前应保持干燥，其表面的撒布料应预先清扫干净，避免损伤油毡。在女儿墙、立墙、天沟、檐口、落水口、屋檐等屋面的转角处，均应加铺1～2层油毡附加层，如图7-37所示。

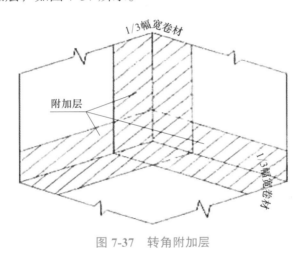

图7-37 转角附加层

（4）细部处理。细部处理主要包括天沟、檐沟部位、女儿墙泛水部位、变形缝部位、落水口部位、伸出屋面的管道、无组织排水等部位的处理，此部分内容本书在后面再进行具体的介绍。

3）高聚物改性沥青防水卷材施工工艺

（1）清理基层。基层要保证平整，无空鼓、起砂，阴阳角应呈圆弧形，坡度符合设计要求，尘土、杂物要清理干净，保持干燥。

（2）涂刷基层处理剂。基层处理剂利用汽油等溶液稀释胶粘剂制成，应搅拌均匀，用长把滚刷均匀涂刷在基层表面上，涂刷时要均匀一致。

（3）高聚物改性沥青防水卷材施工。有冷粘法铺贴卷材、热熔法铺贴卷材和自粘法铺贴卷材三种方法。

① 冷粘法铺贴卷材

胶粘剂涂刷应均匀，不露底、不堆积。卷材空铺、点粘、条粘时，应按规定的位置及面积涂刷胶粘剂。铺贴卷材时应平整、顺直，搭接尺寸准确，不得扭曲、折皱，搭接部位的接缝应满涂胶粘剂，辊压粘贴牢固，搭接缝口应用材性相容的密封材料封严。

② 热熔法铺贴卷材

火焰加热器的喷嘴距卷材面的距离应适中，幅宽内加热应均匀，以卷材表面熔融至光亮黑色为度，不得过分加热卷材。卷材表面热熔后应立即滚铺卷材，滚铺时应排除卷材下面的空气，使之平展并粘贴牢固，搭接缝部位宜以溢出热熔的改性沥青为度，溢出的改性沥青宽度以 2mm 左右并均匀顺直为宜，如图 7-38 所示。

铺贴卷材时应平整顺直，搭接尺寸准确，不得扭曲，采用条粘法时，每幅卷材与基层粘结面不应少于两条，每条宽度不应小于 150mm。

③ 自粘法铺贴卷材

铺贴卷材前，基层表面应均匀涂刷基层处理剂，干燥后及时铺贴卷材，铺贴卷材时应将自黏胶底面的隔离纸完全撕净。铺贴卷材时应排除卷材下面的空气，并辊压粘贴牢固，铺贴的卷材应平整顺直，搭接尺寸准确，不得扭曲、皱折，如图 7-39 所示。

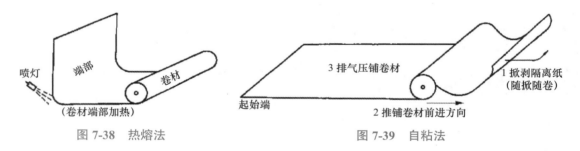

图 7-38　热熔法　　　　图 7-39　自粘法

低温施工时，立面、大坡面及搭接部位宜采用热风机加热，加热后随即粘贴牢固，搭接缝口应采用材性相容的密封材料封严。

4）合成高分子防水卷材施工工艺

（1）基层处理。基层表面为水泥浆找平层，找平层要求表面平整；当基层面有凹坑或不平时，可用 108 胶水水泥砂浆嵌平或抹层缓坡；基层在铺贴前做到洁净、干燥。

（2）高分子防水卷材的铺贴。高分子防水卷材的铺贴一般采用冷粘法，冷粘法施工是以合成高分子卷材为主体材料，配以与卷材同类型的胶粘剂及其他辅助材料，用胶粘剂贴在基层形成防水层的施工方法。

冷粘法施工工序如下：

① 刷底胶。将高分子防水材料胶粘剂配制成的基层处理剂或胶粘带，均匀地涂

刷在基层的表面，在干燥 4～12h 后再进行后道工序。胶粘剂涂刷应均匀，不露底、不堆积。

② 卷材上胶。先把卷材在干净、平整的面层上展开，用长滚刷蘸满搅拌均匀的胶粘剂，涂刷在卷材的表面，涂胶的厚度要均匀且无漏涂，但在沿搭接部位留出 100mm 宽的无胶带，静置 10～20min，当胶膜干燥且手指触摸基本不粘手时，用纸筒芯重新卷好带胶的卷材。

③ 滚铺。卷材的铺贴应从流水口下坡开始，先弹出基准线，然后将已涂刷胶粘剂的卷材一端先粘贴固定在预定部位，再逐渐沿基线滚动展开卷材，将卷材粘贴在基层上，如图 7-40 所示。

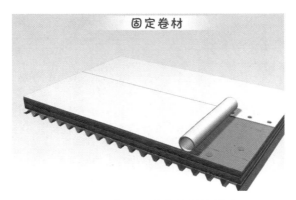

图 7-40 高分子防水卷材的铺贴

卷材滚铺施工中应注意：铺设同一跨屋面的防水层时，应先铺排水口、天沟、檐口等排水比较集中的部位，按标高由低向高的顺序铺；在铺多跨或高低跨屋面防水卷材时，应按先高后低、先远后近的顺序进行；应将卷材顺长方向铺，并使卷材长面与流水坡度垂直，卷材的搭接要顺流水方向，不应成逆向。

④ 上胶。在铺贴完成的卷材表面再均匀地涂刷一层胶粘剂。

⑤ 复层卷材。根据设计要求可再重复上述施工方法，再铺贴一层或数层的高分子防水卷材，达到屋面防水的效果。

⑥ 着色剂。在高分子防水卷材铺贴完成、质量验收合格后，可在卷材表面涂刷着色剂，起到保护卷材和美化环境的作用。

5）卷材防水细部构造处理

卷材防水的细部构造节点部位主要包括水落口、天沟、檐沟、伸出屋面管道、变形缝、泛水与卷材收头等，是防水工程中最容易出现渗漏的薄弱环节。因此，对这些部分均应进行防水增强处理，并做重点质量检查验收。大面积防水层施工前，应先对节点进行处理，如进行密封材料嵌填、铺设附加层（附加层一般采用卷材或带有胎体增强材料的涂膜等）。有些节点如卷材收头、变形缝等，应在大面积卷材防水层完成后进行。

（1）水落口

水落口分横式水落口和直式水落口，如图 7-41 所示。水落口埋设标高，应考虑水落口设防时增加的附加层和柔性密封层的厚度及排水坡度加大的尺寸。水落口周围直径 500mm 范围内坡度不应小于 5%，并应用防水涂料涂封，其厚度不应小于 2mm。水落口与基层接触处，应留宽 20mm、深 20mm 的凹槽，嵌填密封材料。

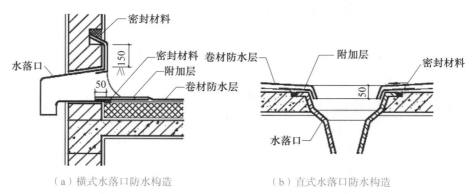

（a）横式水落口防水构造　　　　（b）直式水落口防水构造

图 7-41　水落口节点构造

（2）天沟、檐沟

天沟、檐沟应增铺附加层，如图 7-42 所示。当采用高聚物改性沥青防水卷材或合成高分子防水卷材时，宜设置防水涂膜附加层。天沟、檐沟与屋面交接处的附加层宜空铺，空铺宽度不应小于 200mm。天沟、檐沟卷材收头应固定密封。

（3）伸出屋面管道

伸出屋面管道周围的找平层应做成圆锥台，如图 7-43 所示。管道与找平层间应留凹槽，并嵌填密封材料；防水层收头处应用金属箍箍紧，并用密封材料填严。

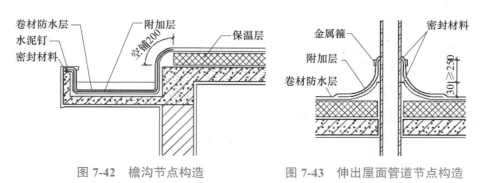

图 7-42　檐沟节点构造　　　　图 7-43　伸出屋面管道节点构造

（4）泛水与卷材收头

泛水是指屋面与立墙的转角部位，如图 7-44 所示。泛水收头应根据泛水高度和泛水墙体材料，确定其密封形式，铺贴泛水处的卷材应采用满粘法。泛水宜采取隔热防晒措施，可在泛水卷材面砌砖后抹水泥砂浆或浇筑细石混凝土保护，也可采用涂刷浅色涂料或粘贴铝箔保护。

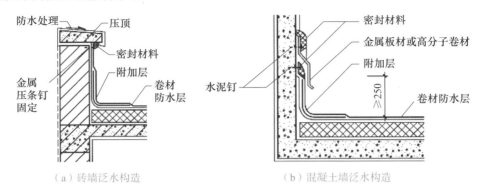

（a）砖墙泛水构造　　　　　　　（b）混凝土墙泛水构造

图 7-44　泛水节点构造

墙体为砖墙时，卷材收头可直接铺至女儿墙压顶下，用压条钉压固定并用密封材料封闭严密，压顶应作防水处理；卷材收头也可压入砖墙凹槽内固定密封，凹槽距屋面找平层高度不应小于 250mm，凹槽上部的墙体应作防水处理。墙体为混凝土时，卷材收头可采用金属压条钉压，并用密封材料封固。

（四）油漆、涂料的选用

1. 油漆、涂料的选用

硝基木器漆由硝化棉、醇酸树脂、增韧剂和混合有机溶剂等调制而成，漆膜坚硬、干燥较快、光泽好、固体成分高，并可用砂蜡、光蜡打磨上光，增强光泽度，主要用于高级木器、家具木质缝纫机台板和无线电木壳等室内木制品作装饰保护涂料。

手扫漆是一种适宜手工刷涂的挥发性涂料，主要由硝化棉，配以多种合成树脂、颜填料、助剂组成，该漆具有流平性好、干燥快、硬度高、光泽好、附着力好的特点，涂膜鲜艳，适用于高级家具、钢琴、工艺饰品的涂装。

醇酸磁漆是由醇酸树脂、颜料、助剂、溶剂等经研磨调配而成的油漆涂料，广泛用作遭受化工大气、工业大气的各种钢铁设施表面涂装底漆。

酚醛磁漆由酚醛树脂、颜料、填料、催干剂、溶剂等调制而成，漆膜坚硬，光泽、附着性较好，但耐候性差，主要用于建筑工程、交通工具、机械设备等室内木材和金属表面的涂覆，作保护装饰之用。

聚氨酯清漆漆膜丰满光亮，坚硬耐磨，附着力强，并且具有耐湿、耐潮、耐化学腐蚀等特点，适用于木器、家具及金属制品表面作保护之用。

厚漆又名铅油，由颜料与干性油混合研磨而成，呈厚浆状，须加清油溶剂搅拌后使用。这种漆遮盖力强，与面漆的粘结性好，广泛用作罩面漆前的涂层打底，也可单独作面层涂刷，但漆膜柔软，坚硬性稍差。厚漆也可用来调配色漆和腻子。

醇酸调合漆由同醇酸树脂、颜料、填料、催干剂以及溶剂等加工而成，色泽较好，适用于室内外一般金属、木质构件以及干燥的建筑物表面，起保护和装饰作用，如图 7-45 所示。

乳胶漆是水分散性涂料，它是以合成树脂乳液为基料，填料经过研磨分散后加入各种助剂精制而成的涂料。乳胶漆具备与传统墙面涂料不同的众多优点，如易于涂刷、干燥迅速、漆膜耐水、耐擦洗性好等，如图 7-46 所示。

图 7-45　醇酸调合漆　　　　　　　　图 7-46　乳胶漆

底漆是油漆系统的第一层，用于提高面漆的附着力、增加面漆的丰满度、提高抗碱性及防腐功能等，同时可以保证面漆的均匀吸收，使油漆系统发挥最佳效果。

防锈漆是一种可保护金属表面免受大气、海水等化学或电化学腐蚀的涂料，主要分为物理性和化学性防锈漆两大类，用于桥梁、船舶、管道等金属的防锈。

聚酯漆以聚酯树脂为主要成膜物。高档家具常用的为不饱和聚酯漆，不仅色彩十分丰富，而且漆膜厚度大，喷涂两三遍即可，并能把基层的材料完全覆盖。所以，做家具可以在板材上直接刷聚酯漆即可，对基层材料的要求并不高。

2. 油漆、涂料的调配

调合油漆的方法和比例取决于使用的油漆类型。油漆、涂料的调配步骤一般如下：阅读说明书→打开油漆→用木棍充分搅拌→打开固化剂→添加固化剂→用木棍搅拌→清洗黏度杯→黏度杯放置→漆液调平→测定黏度→记录测量结果→清洗黏度杯。

水性涂料调配是先搅拌涂料罐，确保颜料均匀混合，然后根据需要添加清水或稀释剂，搅拌均匀。一般情况下，根据涂料配方和所需的施工效果，在涂料罐上会标明建议的稀释比例，按照比例添加清水或稀释剂。

对于油基涂料，先搅拌涂料罐，确保颜料均匀混合，然后根据需要添加矿物灵或稀释剂，搅拌均匀。一般情况下，矿物灵或稀释剂的添加比例是根据涂料品牌和涂布方式来确定的，根据涂料罐上的指示，按照比例进行添加，如图 7-47 所示。

图 7-47 油漆调配

对于酯类涂料，先搅拌涂料罐，确保颜料均匀混合，然后逐步添加酯类稀释剂，搅拌均匀。酯类涂料使用时一般不建议稀释，但如果需要稀释，可以根据需要逐步添加酯类稀释剂，直到达到所需的施工效果。

第二节　现场施工

（一）混凝土性能的检测

1. 目测判断混凝土工作性能的方法

使混凝土拌合物易于搅拌、运输、浇筑及振捣，并能获得成型密实、质量均匀混凝土的性能，称之为混凝土拌合物的和易性，又叫工作性能。良好的工作性能可以保证混凝土在施工过程中能够流动到模板中，并将模板中的空隙填充，形成良好的结构，同时良好的工作性能还能提高施工效率，减少施工过程中的劳动强度。一般来说，混凝土流动性大，黏聚性和保水性就会降低；混凝土黏聚性好，流动性就会降低。所以，使混凝土新拌合物同时满足工作性能的三个指标，需要在它们之间找到一个平衡点，提高混凝土拌合物的匀质性。在施工现场总会遇到具有各种各样问题的混凝土状态，需要根据情况进行判断。

图 7-48 中的混凝土流动性较好，四周泌水较多，碎石多，砂率偏小；凸起的大碎石表面无浆，包裹差。可保持砂石总量不变，增加砂率，或保持水胶比不变，调整胶凝材料用量，相应调整砂石用量。

图 7-49 中的混凝土有很多粗颗粒，由于混凝土搅拌质量差，砂石比表面积大，需要包裹的水泥浆多，但图中混凝土的碎石不裹浆，黏聚性不足，流动性差，混凝土铲运及施工困难。可以增加水泥浆用量，相应减少砂石用量，也可加入外加剂改善混凝土的工作性能。

图 7-50 中的混凝土无粘性，混凝土易堆积，碎石级配不好，大碎石多，小石少，会使混凝土坍落度损失大，导致流动性不好，碎石周围有水泥包裹，满足施工的基本要求，但混凝土的强度降低幅度大，不利于结构施工质量。可以保持砂石总量不变，增加砂率，也可保持水灰比不变，调整胶凝材料用量，相应调整砂石用量。

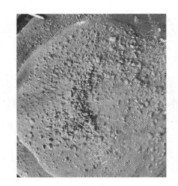 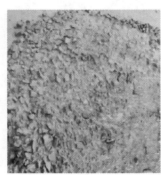 

图 7-48　混凝土 1　　　　图 7-49　混凝土 2　　　　图 7-50　混凝土 3

2. 判断混凝土初凝及终凝的方法

当混凝土刚开始失去塑性能称为初凝，当混凝土完全失去塑性时就称为终凝，一般来说，混凝土的凝结时间和水泥的凝结时间有关。对普通水泥而言，初凝不小于 45min，终凝不迟于 10h。混凝土初凝时间一般在 2~4h，加了缓凝剂可以达到 6~10h，但由于混凝土在运输过程中被不断地搅拌，混凝土初凝时间也会延长。夏季气温高，对混凝土初凝也有很大影响。

现在的混凝土往往都掺有一些混合材和外加剂，会影响正常的凝结时间，尤其是外加剂。混凝土外加剂分很多品种，有关凝结时间的有混凝剂和速凝剂等，可以延长或者缩短凝结时间。一般来说，凝结时间过长，对后期强度影响不是很大，可以用手按下混凝土，若是混凝土变软且不沾手，说明混凝土已处于初凝状态，还可以通过测量贯入仪器贯入混凝土拌合物中的深度确定凝结时间，如图 7-51、图 7-52 所示。

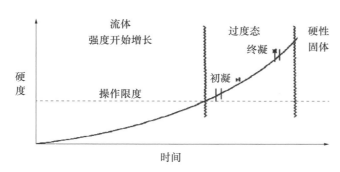

图 7-51　混凝土初凝及终凝时间的确定　　　　图 7-52　初凝检测方法

在混凝土试件上选取一个测试点，将贯入阻力仪的贯入针插入试件，记录下贯入阻力值，随着时间的推移，混凝土逐渐凝结，贯入阻力值会逐渐增大。当贯入阻力值达到一定数值时，可以认为混凝土已经初凝，记录下此时的时间，即为初凝时间。混凝土终凝是指混凝土完全凝结并且达到设计强度的时间，在初凝时间测定完成后，继续观察混凝土试件的凝结情况。当贯入阻力值达到另一个特定数值时，可以认为混凝土已经终凝，记录下此时的时间，即为终凝时间。终凝时间的确定对混凝土的后续处理和使用具有重要意义，终凝时间的影响因素主要包括水胶比、水泥种类、外界温度和混凝土配合比等。

（二）实心砖墙的组砌

组砌是指砖在砌体中的排列，清水墙面组砌时既要考虑墙体的整体性，还要考虑墙面美观，如图 7-53 所示。为了保证墙面的整体性，关键是做好上下皮的错缝搭接以及内外墙体的连接。

建筑墙面常用的组砌方式有全顺式、梅花丁、一顺一丁式、三顺一丁式、全丁式。

图 7-53　砖的组砌

1）全顺式：同皮砖全部采用顺砖砌筑，上下层要错缝搭接，所得砖缝呈十字形。这种做法优点是节省砖材、墙面统一，缺点是内外皮与背里填馅部分的拉结不好。如图 7-54 所示。

2）梅花丁：其特点是同一层内顺砖和丁砖交替出现，这种做法的优点是墙体拉结性较好，但是比较费砖。如图 7-55 所示。

3）一顺一丁式：砌法是一层顺砖与一层丁砖相互间隔砌成，上下层错缝 1/4 砖长。适用于一砖和一砖以上的墙厚，如图 7-56 所示。

4）三顺一丁式：又称"三七缝"，同皮三块顺砖与一块丁砖相间排列。这种形式的墙体兼有十字缝和一顺一丁的优点，墙面效果比较完整，墙体的拉结性也较好。如图 7-57 所示。

5）全丁式：这种组砌法从墙的立面看，每一皮砖均为丁砖，各砖错缝为 1/4 砖长。适用于砌烟囱、水塔、水池、圆仓等。如图 7-58 所示。

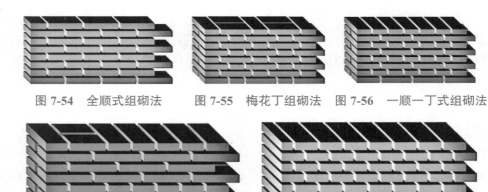

图 7-54　全顺式组砌法　　图 7-55　梅花丁组砌法　　图 7-56　一顺一丁式组砌法

图 7-57　三顺一丁式组砌法　　　　图 7-58　全丁式组砌法

6）180mm 墙组砌法

180mm 墙组砌法又称两平一侧式，180mm 厚的墙多数用于内墙。它是采用二皮砖平砌与一皮砖侧砌的顺砖相隔砌成的。如图 7-59 所示。

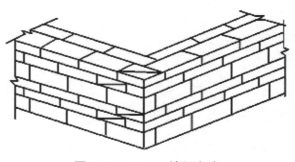

图 7-59　180mm 墙组砌法

无论采用何种砌法,每层墙最下一皮和最上一皮、在梁和梁垫下面、墙的窗台水平面上的砖层均应用丁砖砌筑。砌筑工艺一般采用"三一砌砖法"进行砌筑,即一块砖、一铲灰、一挤揉,并随手将挤出的砂浆刮去的砌筑办法,如图7-60所示。

图 7-60 三一砌砖法

砌筑前,进行试摆,合理布置,放出墙中心线及边线,事先绘制好砌块排列图,设置皮数杆,将砌筑材料洒水湿润。先盘角,盘角不要超过五层,在墙的转角或交接处竖皮数杆。在皮数杆之间拉准线,砌砖一定要跟线,砌清水墙应随砌随划缝,划缝深度为 8~10mm,深浅一致,墙面清扫干净,混水墙应随砌随将砂浆刮尽。

(三)空斗墙、空心砖墙的组砌

1. 空心砖墙的组砌

随着社会的进步,人们的环保意识逐渐增强,节约资源、保护环境的观念日益深入人心。空心砖墙和空斗墙具有节省材料、保温隔热等优点,符合当前节能型建筑的发展趋势。

空心砖墙是用烧结空心砖与水泥混合砂浆砌筑而成的,空心砖砌筑形式要注意空心砖的砖孔方向应符合设计要求,如图7-61、图7-62所示。当设计无具体要求时一般将砖孔置于水平位置,如有特殊要求时,砖孔也可以是垂直方向。空心砖墙应采用全顺侧砌,上下皮竖缝相互错开 1/2 砖长,如图7-63所示。

空心砖墙应符合以下砌筑技术要求:

1)空心砖墙底部至少应砌 3 皮普通砖,在门窗洞口两侧一砖的范围内,也应砌普通砖,如图7-64所示。空心砖墙中不够整砖部分的,宜用无齿锯加工成非整砖块,不得用砍凿方法将砖打断,补砖时应使灰缝砂浆饱满。

图 7-61　砖孔垂直砌筑

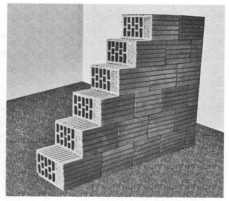

图 7-62　砖孔水平砌筑

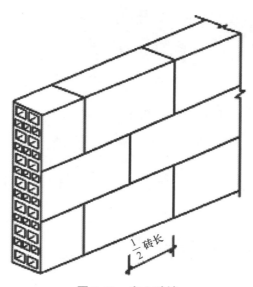

图 7-63　空心砖墙

图 7-64　普通砖在空心砖墙体的位置

2）空心砖墙砌筑前，应在砌筑位置上弹出墙边线，然后按边线逐皮砌筑。一道墙可以先砌两头的砖，再拉准线砌中间部分，第一皮砌筑时应先试摆。砌空心砖应采用刮浆法，砖端头应先抹砂浆再砌筑，当孔洞呈垂直方向，水平铺砂浆时，应用套板盖住孔洞，以免砂浆掉入孔洞内，如图 7-65 所示。

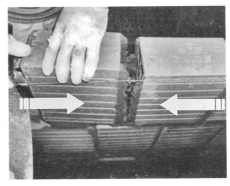

图 7-65　空心砖墙砌筑

3）灰缝应横平竖直，水平灰缝和竖向灰缝宽度应控制在 10mm 左右，但不应小于 8mm，也不应大于 12mm。灰缝砂浆应饱满，水平灰缝的砂浆饱满度不得低于80%，竖向灰缝不得出现透明缝和瞎缝。

4）管线槽留置时，可采用弹线定位后用凿子仔细凿槽或用开槽机开槽，不得采用斩砖预留槽的方法。

5）空心砖墙应同步砌筑，不得留斜槎，每天砌筑高度不应超过 1.8m。

2. 空斗墙的组砌

空斗墙主要应用于非承重墙体，空斗墙砌筑方法可分为一丁一斗，也称单丁单斗空心墙；一眠一斗空斗墙；三斗一眠空斗墙；双丁单斗空心墙。如图 7-66～图 7-69所示，在砌筑时，同一皮上有丁砖有斗砖，丁砖和眠砖作为横向拉结。

空斗墙在砌筑前应先清理基层，抄平后找平，按设计施工图要求弹墨线，并用墨线把门窗洞口位置标出。砌筑时应把皮数杆立在墙体的阴角处，如图 7-70 所示，空斗墙的皮数杆应标出每斗加上水平灰缝的厚度。

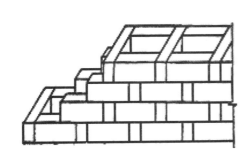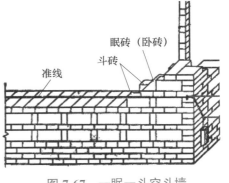

图 7-66　单丁单斗空心墙　　　　图 7-67　一眠一斗空斗墙

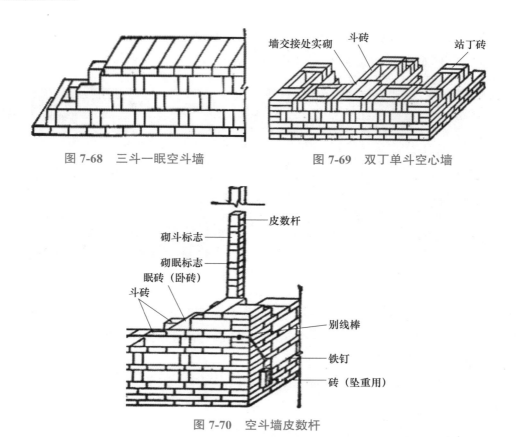

图 7-68　三斗一眠空斗墙　　　　　图 7-69　双丁单斗空心墙

图 7-70　空斗墙皮数杆

划皮数杆时，砖的厚度取 10 块砖的平均值。找平后皮数杆的"0"值应与 ±0.000 相吻合，当墙身超过 15m 时，应增加皮数杆的根数，标注斗砖与眠砖位置。楼梯间、阳台下应立皮数杆进行砌筑，以控制砖墙的灰缝厚度和标高。清水空斗墙要选用颜色均匀、规格一致、尺寸规矩的砖。砌筑前砖应浇水湿润。空斗墙砌筑应注意的问题：

1）砖缝砂浆不饱满

造成此质量问题的主要原因有空斗墙砌筑砂浆的和易性差，致使操作者用瓦刀披灰砌筑困难；由于用干砖砌墙，砂浆早期脱水而降低强度，使砂浆脱落；操作者手法不对，披满浆灰时瓦刀与砖面倾斜角度太大，砖口灰太深。

解决办法首先要改善砂浆的和易性，使操作适宜；其次必须禁止使用干砖披灰砌墙，冬期施工时，也应将砖面适当湿润；操作人员必须熟练掌握操作手法和操作要求，如图 7-71 所示。

2）组砌混乱

墙面组砌方法混乱主要表现在丁字墙、附墙柱等接槎处出现通缝。解决办法是：操作人员应熟悉并掌握空斗墙、空心砖墙的组砌方法，砌筑前必须做好排砖摆底工作，才可正式砌墙。同时加强工作责任心，排砖做到灰缝均匀一致。

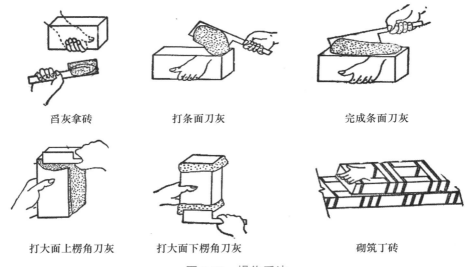

舀灰拿砖　　　　　　打条面刀灰　　　　　　完成条面刀灰

打大面上楞角刀灰　　　打大面下楞角刀灰　　　砌筑丁砖

图 7-71　操作手法

3）墙面凹凸不平、水平缝不直

主要表现为同一条水平缝厚度不一致、上下皮砖的水平缝厚度有明显差异，灰缝厚度超出规范规定，墙面明显凹凸不平等。解决办法是砌筑时分段进行，挂线长度不超过 10m。每砌高 50cm 要用托线板检查一次垂直度，以免偏差过大造成返工。

（四）防水涂料的涂刷

厨房、卫生间采用聚氨酯防水涂料或氯丁胶乳沥青防水涂料施工。涂膜防水屋面是在屋面基层上涂刷防水涂料，经固化后形成一层有一定厚度和弹性的整体涂膜，从而达到防水目的的一种防水屋面形式。防水涂料的特点：防水性能好，固化后无接缝；施工操作简便，可适应各种复杂的防水基面；与基面粘结强度高；温度适应性强；施工速度快，易于修补等。涂膜防水屋面构造如图 7-72 所示。

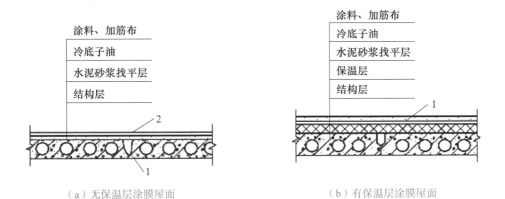

（a）无保温层涂膜屋面　　　　　　　　（b）有保温层涂膜屋面

图 7-72　涂膜防水屋面构造图

1—细石混凝土；2—油膏嵌缝

1. 涂膜防水屋面的施工

（1）基层清理。涂膜防水层施工前，先将基层表面的杂物、砂浆硬块等清扫干净，基层表面平整，无起砂、起壳、龟裂等现象。

（2）涂刷基层处理剂。基层处理剂常采用稀释后的涂膜防水材料，其配合比应根据不同防水材料按要求配置。涂刷时应涂刷均匀，覆盖完全。

（3）附加涂膜层施工。涂膜防水层施工前，在管根部、落水口、阴阳角等部位必须先做附加涂层。附加涂层的做法是：在附加层涂膜中铺设玻璃纤维布，用板刷涂刮驱除气泡，将玻璃纤维布紧密地贴在基层上，不得出现空鼓或折皱，可以多次涂刷涂膜。

（4）涂膜防水层施工。涂膜防水层应根据防水涂料的品种分层分遍涂布。第一层一般不需要刷冷底子油，待先涂的涂层干燥成膜后，方可涂布下一遍涂料。在板端、板缝、檐口与屋面板交接处，先干铺一层宽度为150～300mm的塑料薄膜缓冲层。需铺设胎体增强材料时，屋面坡度小于15%时可平行屋脊铺设，屋面坡度大于15%时应垂直屋脊铺设。铺贴玻璃丝布或毡片应采用搭接法，长边搭接宽度不小于70mm，短边搭接宽度不小于100mm，上下两层及相邻两幅的搭接缝应错开1/3幅宽，但上下两层不得互相垂直铺贴。

（5）铺加衬布前，应先浇胶料并刮刷均匀，然后立即铺加衬布，再在上面浇胶料并刮刷均匀，纤维不露白，用辊子滚压实，排尽布下空气。如图7-73、图7-74所示。涂膜防水屋面应设置保护层，保护层材料可采用绿豆砂、云母、蛭石、浅色涂料、水泥砂浆、细石混凝土或块材等。

图7-73 铺加衬布

图7-74 防水涂膜涂布

2. 厨房、卫生间防水施工

厨房、卫生间主要采用涂膜防水或聚合物水泥砂浆防水，这两种防水做法均能使地面和墙面形成一个连续、无缝、封闭严密的整体防水层，涂膜防水层一般选用聚氨酯防水涂膜和氯丁胶乳沥青防水涂膜等。

下面以双组分聚氨酯防水涂膜防水层施工为例进行介绍。双组分聚氨酯防水涂料是一种化学反应固化型的合成高分子防水涂料，多以甲、乙双组分形式使用。其优点是粘结牢固，封闭严密，固化成膜后体积收缩小，易形成连续、弹性、无缝、整体的涂膜防水层，涂膜抗拉强度高、延伸率大，对基层伸缩或开裂变形适应性强；缺点是成本较高，双组分材料须现场按配比准确计量、混合搅拌。

（1）管道、地漏就位。防水施工前，先将厨房、卫生间各种配管完成。所有立管、套管、地漏等构件必须就位正确，安装牢固，不得有任何松动现象。特别是地漏，标高必须准确，否则无法保证排水坡度，如图7-75、图7-76所示。

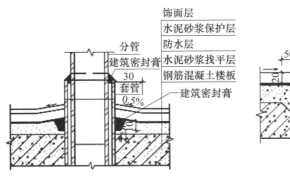 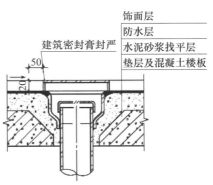

图 7-75　卫生间套管防水构造　　　　图 7-76　卫生间地漏防水构造

（2）堵洞、管根围水试验。所有楼板的管洞、套管洞周围的缝隙均应用掺加膨胀剂的细石混凝土浇灌密实抹平；孔洞较大时，应采用吊模浇筑膨胀混凝土。待全部处理完毕后进行管根围水试验，24h无渗漏，方可进行下道工序施工。

（3）基层处理。厨房、卫生间的防水基层必须用1∶3～1∶2.5的水泥砂浆做找平层，收水后应二次压光并充分养护。要求找平层表面坚实，无空鼓、起砂、掉灰现象。

找平层排水坡度必须符合设计要求，抹找平层时可在管道根部原标高基础上提高5～10mm坡向地漏；在地漏周围做成略低于地面的洼坑，一般为5mm。卫生间地漏防水构造如图7-77所示。

找平层坡度以1%～2%为宜，阴阳角处抹成半径小于10mm的小圆弧，管道、套管根部、地漏周围应留10mm宽的小槽，待找平层干燥后用嵌缝材料进行嵌填、补平。

（4）聚氨酯涂膜防水层施工。涂刷底胶，将聚氨酯甲、乙两组分和二甲苯按比例配合搅拌均匀，即可使用。用滚动刷或油漆刷蘸底胶均匀地涂刷在基层表面，涂刷后应干燥4h以上，才能进行下一工序的操作。

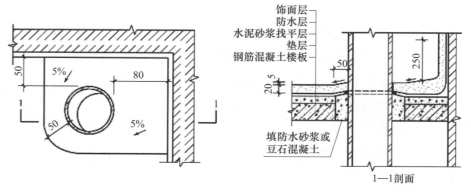

图 7-77　卫生间地漏防水构造

细部增强涂刷，将聚氨酯涂膜防水材料按比例混合搅拌均匀（一般按质量比），用油漆刷蘸涂料在地漏、管根、阴阳角和出水口等容易漏水的薄弱部位均匀涂刷，不得漏刷。地面与墙面交接处，涂膜防水上翻到墙上做 100mm 高。

第一层涂膜：将防水涂料按比例配制后，倒入拌料桶中，用电动搅拌器搅拌均匀，用橡胶刮板或油漆刷刮涂一层涂料，厚度要均匀一致，从内往外退着操作。

第二层涂膜：第一层涂膜后，涂膜固化到不粘手时，按第一遍材料配比方法，进行第二遍涂膜操作，为使涂膜厚度均匀，刮涂方向必须与第一遍刮涂方向垂直，刮涂量与第一遍相同。

第三层涂膜：第二层涂膜固化后，仍按前两遍的材料配比搅拌好涂膜材料，进行第三遍刮涂，涂完之后未固化时，可在涂膜表面稀撒干净的 $\phi2\sim\phi3$ 粒径的石渣，以增加与水泥砂浆覆盖层的粘结力。对于卫生间的墙身，防水高度应不低于 1.8m，如图 7-78 所示。

图 7-78　厨、卫防水层施工示意图

（五）室内外墙面装饰抹灰的施工

抹灰一般应分层操作，即分为底层、中层和面层。底层为粘结层，其作用主要是与基层粘结并初步找平，根据基层材质的不同而采取不同的做法。中层为找平层，主要起找平作用，根据工程要求可以一次抹成，也可以分遍涂抹，所用材料基本与底灰层相同。面层为装饰层，即通过不同的操作工艺使抹灰表面达到预期的装饰效果。

1. 抹灰工程的分类

抹灰工程按施工部位的不同，可分为室内抹灰和室外抹灰两类；按使用要求及装饰效果的不同，可分为一般抹灰、装饰抹灰和特种砂浆抹灰，如图 7-79、图 7-80 所示。一般抹灰是指在建筑物墙面涂抹石灰砂浆、水泥砂浆、水泥混合砂浆、聚合物水泥砂浆和麻刀石灰、纸筋石灰、石膏灰等。根据房屋使用标准和质量要求，一般抹灰又可分为普通抹灰、中级抹灰和高级抹灰三级。装饰抹灰是指通过选用材料及操作工艺等方面的改进，而使抹灰富于装饰效果的水磨石、水刷石、干粘石、斩假石、拉毛与拉条抹灰、装饰线条抹灰以及弹涂、滚涂、彩色抹灰等。特种砂浆抹灰是指采用保温砂浆、耐酸砂浆、防水砂浆等材料进行的具有特殊要求的抹灰。

图 7-79　一般抹灰　　　　　　　图 7-80　装饰抹灰

2. 一般抹灰施工

1）内墙抹灰

根据设计要求的质量等级，进行吊垂直、套方、找规矩，经检查后确定抹灰厚度。操作时，先贴上灰饼再贴下灰饼；贴灰饼时，要根据室内抹灰要求选择下灰饼的正确位置，用靠尺板找好垂直与平整。灰饼宜用 1∶3 水泥砂浆做成 50mm 见方的形状。用与抹灰层相同的砂浆冲筋，冲筋的间距应根据墙面宽度来决定，筋宽 50mm 左右为宜。冲完筋 2h 左右就可以抹底灰，不要过早或过迟。先薄薄抹一层灰，接着分层装档、找平，再用大杠垂直水平刮找一遍，用木抹子搓毛。然后进行全面检查，墙面平整度、阴阳角方正、各面交接处光滑平整均应符合标准规定，再用靠尺检查墙面垂直与平整。当底灰抹平后，应设专人把预留孔洞、电箱、槽、盒周边 50mm 的石灰砂浆清理干净，用砂浆把洞、箱、槽、盒抹成方正，使其光滑、平整，要比底灰或标筋高 2mm。当底灰六七成干时，即可开始抹罩面灰。罩面灰应两遍成活，厚度约 2mm，最好两人同时操作，一人先薄薄刮一遍，另一人随即抹灰。抹灰要按先上后下顺序进行，再赶光压实，然后用钢板抹子压一遍，最后用塑料抹子顺抹子纹压光，随即用毛刷蘸水将罩面灰污染处清刷干净。

2）外墙抹灰

外墙抹灰，在寒冷地区不宜冬期施工。外墙的抹灰层要求有一定的防水性能。外墙抹水泥砂浆的一般配比为水泥∶砂＝1∶3。抹底层时，必须把砂浆压入灰缝内，并用木抹子压实刮平，然后用笤帚在底层上扫毛，并要浇水养护。底层砂浆抹后第二天，先弹分格线，粘分格条。抹时先用1∶2.5水泥砂浆薄薄刮一遍，再抹第二遍，先抹平分格条，而后根据分格条厚度用木杠刮平，再用木抹子搓平，用钢皮抹子揉实压光，最后用刷子蘸水按同一方向轻刷一遍，目的是要达到颜色一致，然后起出分格条，并用水泥浆把缝勾齐。

3）装饰抹灰施工

装饰抹灰，一般是指采用水泥、石灰砂浆等抹灰的基本材料，除对墙面作一般抹灰之外，利用不同的施工操作方法将其直接做成饰面层。装饰抹灰与一般抹灰的区别在于两者具有不同的装饰面层，其底层和中层的做法与一般抹灰基本相同。

第八章 质量验收

第一节 质量检查

（一）混凝土工作性能的检查

1. 混凝土工作性能检查的要求

混凝土工作性能是一个综合指标，具体包括流动性、黏聚性和保水性。流动性指混凝土拌合物浇筑后，在重力或机械振捣的作用下，能够流动并均匀充满模板的能力。混凝土的流动性较差，表现为其坍落扩展度小，流速慢，混凝土表面缺少浆体；混凝土流动性优异，表现为流速快，混凝土表面浆体充盈，且有光泽。黏聚性指混凝土拌合物各组成材料之间具有一定的黏聚力，在施工工程中，不发生分层、离析现象。保水性指混凝土拌合物能够保持其内部水分不会流失的性能，良好的保水性使混凝土不会发生离析、分层，内部水不会析出到表面。

工作性能的三个指标相辅相成、相互影响。一般来说，混凝土流动性大，黏聚性和保水性就会降低；混凝土黏聚性好，流动性就会降低。所以，使混凝土新拌合物同时满足工作性能的三个指标，需要在它们之间找到一个平衡点，提高混凝土拌合物的匀质性。坍落度是表示混凝土拌合物工作性能的一种指标，以此确定混凝土拌合物浇筑时的流动性。混凝土浇筑时的坍落度选择见表8-1。

混凝土浇筑时的坍落度选择　　　　　　　　　　　　表 8-1

结构种类	坍落度（mm）
基础或地面等的垫层、无配筋的大体积结构或配筋稀疏的结构	10～30
梁板和大型及中型截面的柱子等	30～50
配筋密集的结构（薄壁、斗仓、筒仓、细柱等）	50～70
配筋特密的结构	70～90

表中是采用机械振动的坍落度；采用人工振捣时可适当增大。

需要配制大坍落度混凝土时，应掺外加剂。曲面和斜面结构混凝土，其坍落度值应根据实际需要另行选定。轻骨料混凝土的坍落度，宜比表中数值减少 10～20mm。

混凝土强度是混凝土硬化后最重要的力学性能，是指混凝土抵抗压、拉、弯、剪等应力的能力。水灰比、水泥品种和用量、集料的品种和用量以及搅拌、成型、养护，都直接影响混凝土的强度。

2. 混凝土工作性能检查的方法

在施工过程中，要求混凝土必须具有良好的工作性能，混凝土不发生分层、离析、泌水的现象。混凝土拌合物最重要的工作性能是和易性，它综合表示拌合物的稠度、流动性、可塑性、抗分层离析泌水的性能及易抹面性等，主要采用截锥坍落筒测定的坍落度（毫米）及用维勃仪测定的维勃时间（秒），作为判断混凝土工作性能的主要指标，辅以对其黏聚性和保水性的观察，然后根据测定和观察结果，综合评价其和易性。

每次测量混凝土坍落度前应将坍落度筒内外擦干净，用水湿润，放在用水湿润的平板上，用双脚踩紧踏板。坍落度筒是由薄钢板或其他金属制成的圆台形筒，如图 8-1 所示。

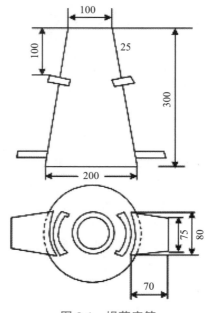

图 8-1　坍落度筒

装料时应注意不要将混凝土拌合料掉落在铁板上，散落的拌合料应立即掺入到坍落度筒内，保持铁板上干净；装料应分 3 层装入筒内，每次装入量略高于 1/3 筒高，切不可一次装入过多；振捣时应在全部面积上进行，沿螺旋线由边缘向中心振捣，插捣底层混凝土时，捣棒应插至底部，插捣其他两层时应插捣至下层表面为止；插捣时，捣棒需垂直，3层捣实完毕后，应立即将上端溢出的混凝土用抹子刮去，并抹平表面，将筒周围平板上的混凝土刮净，以免影响坍落度的测定，操作过程如图8-2所示。

装第1层并插捣25次　　装第2层并插捣25次　　装第3层并插捣25次　　抹平表面

图8-2　混凝土坍落度检测准备工作

提起坍落度筒时，应小心垂直向上提起，不得歪斜，清除筒边底板上的混凝土后，垂直平稳地提起坍落度筒。坍落度筒提起后，应将筒放在锥体混凝土试样一旁后立即进行测量，水平尺应放置水平，量测筒高于坍落后混凝土试体最高点的高度差，即为该混凝土拌合物的坍落度值，如图8-3所示。

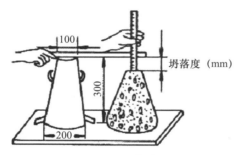

图8-3　坍落度值

用钢尺量出筒顶面与坍落后混凝土试样顶面中心之间的高度差时，钢尺要垂直，不可歪斜，以确保测量数据的准确。坍落度筒的提离过程应在5～10s内完成，从开始装料到提起坍落度筒的整个过程，应不间断地进行，并应在150s内完成。

混凝土抗压强度试验一般以三个试件为一组，每一组试件所用的拌合物应从同一盘或同一车运送的混凝土中取出，或在实验室用机械或人工单独拌制。制作试件前，试模清刷干净，在其内壁涂上一薄层脱模剂，所有试件应在取样后立即制作。试件的成型方法应视混凝土的稠度而定。坍落度不大于70mm的混凝土，宜用振动台振实；大于70mm的，宜用捣棒人工捣实，试件成型的方法应与实际施工采用的方法相同。

采用振动台成型时，应将混凝土拌合物一次装入试模，装料时应用抹刀沿试模内壁略加插捣，并使混凝土拌合物高出试模上口，振动时，应防止试模在振动台上自由跳动。振动应持续到混凝土表面出浆为止，刮除多余的混凝土，并用抹刀抹平，操作过程如图 8-4 所示。

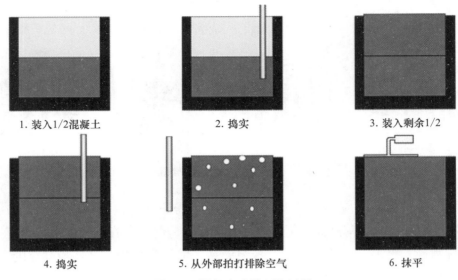

1. 装入1/2混凝土　　　　　2. 捣实　　　　　3. 装入剩余1/2

4. 捣实　　　　5. 从外部拍打排除空气　　　　6. 抹平

图 8-4　混凝土试件制作过程

采用人工插捣时，混凝土拌合物应分两层装入试模，每层的装料厚度大致相等，插捣应按螺旋方向从边缘向中心均匀进行。插捣底层时，捣棒应达到试模表面，插捣上层时，捣棒应穿入下层的深度为 20～30mm，插捣时捣棒应保持垂直，不得倾斜。同时，还应用抹刀沿试模内壁插入数次。每层的插捣次数应根据试件的截面而定，一般每 100cm² 截面积不应少于 12 次，可参考表 8-2 中数值。插捣完后，刮除多余的混凝土，并用抹刀抹平。

混凝土试件尺寸与每层振捣次数选用表　　　　　　　　表 8-2

试件尺寸	层振捣次数
100mm×100mm×100mm	12
150mm×150mm×150mm	25
200mm×200mm×200mm	50

试件成型后，应覆盖表面，如图 8-5 所示，以防水分蒸发，并应在温度为（20±5）℃情况下静置一昼夜（不得超过两昼夜），然后编号拆模。

拆模后的试件应立即放在温度（20±3）℃，湿度为 90% 以上的标准养护室中养护。试件放在架上，彼此间隔为 10～20mm，并应避免用水直接冲淋试件。当无标准养护室时，试件可在温度为（20±3）℃的不流动水中养护。水的 pH 值不应小于 7。

试件的拆模时间可与实际构件的拆模时间相同，拆模后，试件仍需保持同条件养护。

图 8-5　混凝土试件成型后应覆盖养护

（二）实心墙体的检查

1. 垂直度、平整度的检查

1）实心墙体检查一般规定

（1）砌筑时，砖应提前 1～2 天浇水湿润，蒸压灰砂砖和蒸压粉煤灰砖不得用于长期受热 200℃以上、受急冷急热或有酸性介质侵蚀的部位。

（2）当采用铺浆法砌筑时，铺浆长度不得超过 750mm，施工期间气温超过 30℃时，铺浆长度不得超过 500mm。竖向灰缝不得出现透明缝、瞎缝和假缝。

（3）砖砌平拱过梁的灰缝应砌成楔形缝，灰缝的宽度，在过梁底部不应小于5mm，在过梁顶面不应大于 15mm。拱脚应伸入墙内不少于 20mm。

（4）砖墙中的洞口、管道、沟槽和预埋件等，宽度超过 300mm 的，砌筑平拱或设置过梁。

（5）施工临时间断处补砌时，必须将接槎处表面清理干净，浇水温润，并填实砂浆，保持灰缝平直，如图 8-6 所示。

图 8-6　清理临时间断处

2）实心墙体质量检查的主控项目

（1）通过检查砖和砂浆试块试验报告确定砖和砂浆的强度等级必须符合设计要求。每一生产厂家的砖到现场后，一般按烧结砖15万块为一验收批，抽检数量为一组，砂浆试块的抽检数量，同一类型、强度等级的试块应不少于3组。

（2）砖砌体的位置及垂直度、表面平整度允许偏差应符合表8-3的规定，垂直度、表面平整度检查如图8-7、图8-8所示。

砖砌体的位置及垂直度允许偏差   表8-3

项次	项目		允许偏差（mm）	检验方法
1	轴线位置偏移		10	用经纬仪和尺检查或用其他测量仪器检查
2	垂直度	每层	5	用2m托线板检查
		全高 ≤10m	10	用经纬仪、吊线和尺检查，或用其他仪器检查
3	表面平整度（混水墙）		8	用2m靠尺和楔形塞尺检查

图8-7　垂直度检查

图8-8　表面平整度检查

（3）用百格网检查砖底面与砂浆的粘结痕迹面积，每检验批抽查不应少于5处，每处检测3块砖，取其平均值。砌体水平灰缝的砂浆饱满度不得小于80%，如图8-9所示。

2. 组砌形式的检查

1）砖砌体组砌方法应正确，上、下错缝，内外搭砌。

抽检数量：外墙每 20m 抽查一处，每处 3～5m，且不应少于 3 处；内墙按有代表性的自然间抽查 10%，且不应少于 3 间。

检验方法：观察检查。

合格标准：除符合本条要求外，清水墙、窗间墙无通缝；混水墙长度不小于 300mm 的通缝每间不超过 3 处，且不得位于同一面墙体上。

2）砖砌体的灰缝应横平竖直，厚薄均匀，如图 8-10 所示。水平灰缝厚度宜为 10mm，但不应小于 8mm，也不应大于 12mm。

抽检数量：每步脚手架施工的砌体，每 20m 抽查 1 处。

检验方法：用尺量 10 皮砖砌体高度折算。

图 8-9　饱满度检查

图 8-10　灰缝应横平竖直

3）砖砌体的一般尺寸允许偏差应符合表 8-4 的规定。

砖砌体一般尺寸允许偏差　　　　　　　　　　　　　　　　　表 8-4

项次	项目		允许偏差（mm）	检验方法	抽检数量
1	基础顶面和楼面标高		±15	用水平仪和尺检查	不应少于 5 处
2	表面平整度	清水墙、柱	5	用 2m 靠尺和楔形塞尺检查	有代表性自然间 10%、但不少于 3 间，每间不应少于 2 处
		混水墙、柱	8		
3	门窗洞口高、宽		＋5	用尺检查	检验批的 10%，且不应少于 5 处
4	外墙上下窗口偏移		30	以底层窗口为准，用经纬仪或吊线检查	检验批的 10%，且不应少于 5 处
5	水平灰缝平直度		7（清水墙）	拉 10m 线和尺检查	有代表性自然间 10%、但不少于 3 间，每间不应少于 2 处
			10（混水墙）		
6	清水墙游丁走缝		20	吊线和尺检查，以每层第一皮砖为准	有代表性自然间 10%、但不少于 3 间，每间不应少于 2 处

4）砖砌体的转角处和交接处应同时砌筑，严禁无可靠措施的内外墙分砌施工。对不能同时砌筑而又必须留置的临时间断处应砌成斜槎，斜槎水平投影长度不应小于高度的 2/3，如图 8-11 所示。

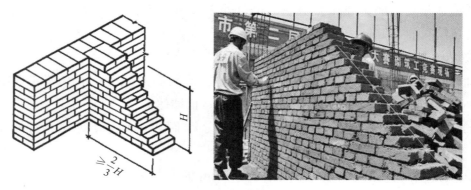

图 8-11　斜槎的留设

抽检数量：每检验批抽查 20% 接槎，且不少于 5 处。

检验方法：观察检查。

（三）空心砖砌体、空斗砖砌体和组砌形式的检查

1. 空心砖砌体、空斗砖砌体的检查

1）空心砖砌体的质量

空心砖砌体的质量分为合格和不合格两个等级。砖和砌筑砂浆的强度等级应符合设计要求，主要通过检查砖的产品合格证书、产品性能检测报告和砂浆试块试验报告确定空心砖砌体质量是否合格。

（1）空心砖砌体一般尺寸的允许偏差应符合表 8-5 的规定。

空心砖砌体一般尺寸允许偏差　　　　　　表 8-5

项次	项目		允许偏差（mm）	检验方法
1	轴线位移		10	尺检查
2	垂直度	不大于 3m	5	用 2m 托线板检查或吊线、尺检查
		大于 3m	10	
3	表面平整度		8	用 2m 靠尺和楔形塞尺检查
4	门窗洞口高、宽（后塞口）		±5	尺检查
5	外墙上、下窗口偏移		20	用经纬仪或吊线检查

（2）空心砖砌体的砂浆饱满度及检验方法应符合表 8-6 的规定。

空心砖砌体的砂浆饱满度及检验方法　　　　　表 8-6

灰缝	饱满度及要求	检验方法
水平灰缝	80%	用百格网检查砖底面砂浆的粘结痕迹面积
垂直灰缝	填满砂浆，不得有透明缝、瞎缝、假缝	

2）空斗砖砌体的质量

空斗砖砌体的砖和砂浆的质量要求与实心砖墙相同。砖砌体的位置及垂直度允许偏差应符合表 8-7 的规定。

砖砌体的位置及垂直度允许偏差　　　　　表 8-7

项次	项目			允许偏差（mm）	检验方法
1	轴线位置偏移			10	用经纬仪和尺检查，或用其他测量仪器检查
2	垂直度	每层		5	用 2m 托线板检查
		全高	≤ 10m	10	用经纬仪、吊线和尺检查，或用其他仪器检查
			> 10m	20	

砌体水平灰缝的砂浆饱满度不得小于 80%，每检验批抽查不应少于 5 处。检验方法：用百格网检查砖底面与砂浆的粘结痕迹面积，每处检测 3 块砖，取其平均值。

2. 组砌形式的检查

1）空心砖砌体的质量

小型空心砌块墙底部砌筑不少于三皮页岩实心砖，有防水要求的厨房间、卫生间隔墙的底部浇筑 300mm 厚 C20 素混凝土，如图 8-12、图 8-13 所示。

图 8-12　砌块墙底部

图 8-13　有防水要求的砌块墙底部

167

空心砖砌体中留置的拉结钢筋的位置应与砖皮数相符合，拉结钢筋应置于灰缝中，埋置长度应符合设计要求。

空心砖砌筑时应错缝搭砌，搭砌长度宜为空心砖长的1/2，但不应小于空心砖长的1/3。空心砖砌体的灰缝厚度和宽度应正确。水平灰缝厚度和垂直灰缝宽度应为8～12mm。

空心砖墙砌至接近梁、板底时，应留一定空隙，待空心砖砌筑完成并应至少间隔14天后，再将其补砌挤紧，如图8-14所示。

图8-14 墙体顶部砌筑

2）空斗砖砌体的组砌形成

空斗砖砌体组砌方法应正确，上下错缝，内外搭砌，砖砌体的灰缝应横平竖直，厚薄均匀。水平灰缝厚度宜为10mm，但不应小于8mm，也不应大于12mm。砖砌体的转角处和交接处应同时砌筑，严禁无可靠措施的内外墙分砌施工。对不能同时砌筑而又必须留置的临时间断处应砌成斜槎，斜槎水平投影长度不应小于高度的2/3。

（四）防水涂料的检查

1. 防水涂料厚度的检查

防水涂料在建筑施工中担负着十分重要的作用，在确保建筑结构安全、防止水液侵蚀方面发挥着重要的保护作用。然而，防水涂料的厚度与保护性能密切相关，如果涂料厚度不够，建筑结构的保护性能将大大降低。如果涂料厚度不需要特别精确，就可以通过目视检测来判断防水涂料的厚度。目视检测需要依靠丰富的经验和专业知识，通过观察涂层表面的颜色、质感等特征来推测其厚度。这种方法应用较为广泛，但其准确性较差，需要慎重使用。也可借助工具，用钢尺在已涂刷防水涂料的表面上垂直地按压，并读取钢尺和涂层的距离，以此判断涂层的厚度，也可使用防水涂料厚度检测仪和使用涂料厚度计进行粗略测量。

2. 闭水试验

闭水试验是装修做了防水之后至关重要的一个步骤，一般用于卫生间、厨房、阳台还有屋顶等地方，如图 8-15 所示。闭水试验是家居装修中比较简单的一个步骤，但也是非常重要和最容易忽视的一环，卫生间防水施工完后必须等待所选用的防水涂料的涂层完全凝固后才能试水。

各种防水涂料在产品的执行标准中对防水涂料的终凝时间都有明确规定，产品不同，其终凝时间也不同。屋顶闭水试验时应将所有孔洞封堵严密，水位高度以浸没屋面最高点 20mm 为宜，闭水试验时间不少于 24h。一般情况常用的防水涂料正常施工完 24h 后即可试水，试水时间为 24~48h 即可。如果地势较平、要在门口封堵，一定等封堵完成以后再进行闭水试验。放水的时候在水柱直接接触地面的地方垫上个盆子，地漏一定要堵严实，如图 8-16 所示。

图 8-15　屋顶闭水试验

图 8-16　蓄水

开始蓄水时深度为 5~20cm，做好水位标记；蓄水时间 24~48h，这是保证防水工程质量的关键。第一天闭水后，看水位线是否有明显下降，仔细检查四周墙面和地面有无渗漏现象，或从楼下观察是否有水渗出，如果有，请及时检查楼下屋顶和管道周边是否有渗漏、滴水、湿润等现象，如果没有，继续闭水；第二天闭水完毕，全面检查楼下天花板和屋顶管道周边，完全合格后进行下一道工序。

（五）装饰抹灰的检查

装饰抹灰的检查是确保墙面平整、美观且质量良好的重要环节。装饰抹灰工程所用材料的品种和性能应符合设计要求及国家现行标准的有关规定，抹灰前基层表面的尘土、污垢和油渍等应清除干净，并应洒水润湿或进行界面处理。

抹灰工程应分层进行，当抹灰总厚度大于或等于 35mm 时，应采取加强措施。不同材料基体交接处表面的抹灰，应采取防止开裂的加强措施，当采用加强网时，加强网与各基体的搭接宽度不应小于 100mm，如图 8-17 所示。

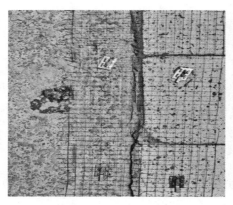

图 8-17 抹灰加强措施

各抹灰层之间及抹灰层与基体之间必须粘结牢固，抹灰层应无脱层、空鼓和裂缝，如图 8-18 所示。装饰抹灰工程有排水要求的部位应做滴水线槽，滴水线槽应整齐顺直，滴水线应内高外低，滴水槽的宽度和深度均不应小于 10mm。表面质量应符合下列规定：

（1）水刷石表面应石粒清晰、分布均匀、紧密平整、色泽一致，应无掉粒和接槎痕迹。

（2）斩假石表面剁纹应均匀顺直、深浅一致，应无漏剁处；阳角处应横剁并留出宽窄一致的不剁边条，棱角应无损坏。

（3）干粘石表面应色泽一致、不露浆、不漏粘，石粒应粘结牢固、分布均匀，阳角处应无明显黑边。

（4）假面砖表面应平整、沟纹清晰、留缝整齐、色泽一致，应无掉角、脱皮、起砂等缺陷。

（5）装饰抹灰分格条（缝）的设置应符合设计要求，宽度和深度应均匀，表面应平整光滑，棱角应整齐。

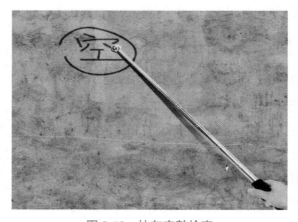

图 8-18 抹灰空鼓检查

装饰抹灰工程质量的允许偏差和检验方法应符合表 8-8 的规定，抹灰工程质量检验方法如图 8-19 所示。

装饰抹灰的允许偏差和检验方法 表 8-8

项次	项目	允许偏差（mm）				检验方法
		水刷石	斩假石	干粘石	假面砖	
1	立面垂直度	5	4	5	5	用 2m 垂直检测尺检查
2	表面平整度	3	3	5	4	用 2m 靠尺和塞尺检查
3	阳角方正	3	3	4	4	用 200mm 直角检验尺检查
4	分格条（缝）直线度	3	3	3	3	拉 5m 线，不足 5m 拉通线，用钢直尺检查
5	墙裙，勒脚上口直线	3	3			拉 5m 线，不足 5m 拉通线，用钢直尺检查

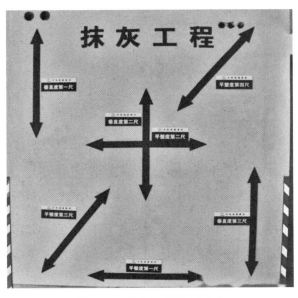

图 8-19 抹灰工程检验方法

第二节 质量问题处理

（一）混凝土工作性能不合适问题的处理

当混凝土拌合物坍落度太小时，可保持水灰比不变，适当增加水泥浆的用量。当坍落度太大时，可保持砂率不变，调整砂石用量；通过实验，采用合理砂率；改善砂石的级配，一般情况下尽可能采用连续级配；掺加外加剂，采用减水剂、引气剂、缓凝剂都可有效地改善混凝土拌合物的和易性；根据具体环境条件，尽可能缩短新拌混凝土的运输时间，若不允许，可掺缓凝剂，减少坍落度损失。

对于混凝土强度异常不合格的情况，需要进行详细的检查和分析，找出问题的原因。一种常见的处理措施是对材料进行更换或改进，如果发现混凝土强度不合格是由于材料质量不达标引起的，应及时更换或改进材料。另一种处理措施是加强施工操作的规范性。混凝土的施工操作对于混凝土强度的形成起着至关重要的作用，因此必须确保施工操作的规范性，降低混凝土强度异常不合格的风险。如图8-20所示的混凝土只摊铺在模板上，未振捣，混凝土浇筑前模板也没润湿，其混凝土强度就不符合要求。

图8-20　混凝土未及时振捣

加强混凝土的养护也是处理混凝土强度异常不合格的重要措施之一。因此，在施工过程中，必须加强对混凝土的养护工作，包括及时浇水、覆盖保温等措施，保持混凝土的湿润和温度稳定。

（二）实心墙体垂直度、平整度不适合问题的处理

墙体垂直度是在建筑砌筑过程中经常遇到的一个问题，它对于建筑的整体质量和美观度有着重要的影响。在砌筑墙体时，如果发现墙体垂直度存在问题，应及时采取措施进行修复和调整。在开始修复之前，首先需要进行墙体垂直度的检测。常见的检测方法包括使用水平仪、垂直尺和测量工具等，通过这些工具的测量，可以准确判断墙体是否存在垂直度问题，以及问题的程度。

如果发现墙体垂直度问题严重，一般选择重新砌筑。首先，需要将不垂直的部分进行拆除，并重新规划墙体的结构，然后，按照正确的砌筑方法和标准进行重新砌筑，确保墙体垂直度的准确性。对于墙体垂直度问题不大的情况，可以使用拉线的方

法，在需要调整垂直度的墙体两侧固定拉线，保持水平。然后，通过使用墙体调整器沿着拉线进行调整，直至墙体垂直度达到要求为止，拉线操作时需注意固定牢靠，且水平度精确，如图 8-21 所示。

图 8-21　墙体拉线

合理地处理墙体垂直度问题，确保建筑的质量和美观度。通过使用合适的工具和方法，能够快速高效地调整墙体垂直度，提高建筑的整体品质。在施工过程中，要时刻关注和检测墙体垂直度，及时采取措施进行调整和修复，确保墙体垂直度符合相关标准。

（三）空斗墙、空心砖墙组砌形式问题的处理

空斗墙严禁外墙转角处留直槎，转角处和交接处应同时砌筑。对不能同时砌筑而必须留置的临时间断处，应砌成斜槎，斜槎长度不应小于砌体高度的 2/3。除转角处外，可留阳槎，但留槎处和接槎处必须实砌，并加拉结筋，严禁留阴槎。接槎时要将松动的砖及灰砂清除干净，用水冲刷后再进行实砌，在砌筑时根据图纸要求，应预先留出洞口，严禁砌好后打洞。

在实际工程中如遇洞口的砌筑，要按照窗间墙的砌筑方法进行，洞口部分一般都由一人独立操作，操作时要求跟通线进行砌筑。洞口上部可以用钢筋混凝土预制过梁或者其他方法进行砌筑，搁置预制过梁应在墙体的顶面找平，并应在安装时座浆，大梁下三皮要用实心砌体，适当提高砂浆强度等级。

（四）涂刷防水涂料厚度不足问题的处理

涂刷防水涂料时，如果涂料的厚度不足，可能会影响其防水性能。如果发现涂料的厚度不足，可能需要重新涂刷一遍。在重新涂刷之前，确保表面清洁，没有杂质，并严格按照涂料施工要求进行操作。

严格控制防水涂膜层的厚度、分遍涂刷厚度及间隔时间。涂刷应厚薄均匀、表面平整。涂膜应根据材料特点分层涂刷至规定厚度，每次涂刷不可过厚，在本层涂膜干燥后，方可进行上一层涂刷。每层的搭接应错开，接槎宽度为30～50mm，上下两层涂膜的涂刷方向要交替改变。涂刷应全面、严密。涂料防水层的施工缝应注意保护，搭接缝宽应大于100mm，接涂前应将其甩槎表面处理干净。防水涂料施工后，应尽快进行保护层施工，在平面部位的防水涂层，应经一定自然养护期后方可上人行走或作业。

（五）墙面装饰抹灰不适合问题的处理

墙面抹灰是一个重要环节，在施工过程中常常会遇到一些问题，如抹灰厚度不均匀、抹灰层开裂、墙面平整度不佳、颜色不一致、纹理不符合设计要求等问题。

墙面抹灰后，出现部分区域抹灰厚度不均匀，可能有明显的凸起或凹陷。为避免抹灰厚度不均的情况，可在施工前对墙面进行必要的处理，将墙面上的凹凸不平进行填补，确保墙面平整度。控制施工过程中的涂料浆料的质量，保证混合均匀，避免出现堆积或稀薄的情况。采用适当的抹灰工具和技术，如使用刮板进行抹灰，确保厚度均匀，如图8-22所示。

在墙面抹灰后，抹灰层出现了开裂现象，会严重影响装饰效果。针对抹灰层开裂问题，可以控制施工现场的湿度，保持适宜的施工环境，避免墙面因环境过于干燥或潮湿导致开裂，使用高质量的砂浆材料，确保材料具有良好的粘结力和伸缩性，能够适应墙体的变化。抹灰时，可将墙面划分为合适大小的施工单位，避免一次性施工面积过大导致砂浆收缩不均匀。在抹灰层的基层上添加抗裂网格布，增强墙体的整体强度，防止开裂发生，如图8-23所示。

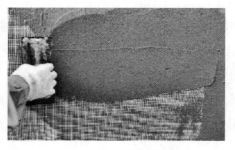

图8-22　刮板进行抹灰　　　　　　图8-23　添加抗裂网

抹灰层施工完成后的一段时间内，墙面出现起砂或脱落现象，会严重影响墙体的美观度和耐久性。针对抹灰层起砂、脱落问题，可以合理控制施工现场的湿度，保证墙体干燥后再进行后续装修，避免抹灰层内的水分未充分蒸发导致起砂、脱落。使用一定比例的粘结剂添加到抹灰砂浆中，增强砂浆的粘结力。根据墙面基层材质的不同，选用合适的砂浆种类，确保砂浆与墙面表面之间的粘结度。抹灰层干燥后，可以进行一定的抛光处理，增加抹灰层的强度和密实度。

墙面抹灰后，存在颜色不均匀的情况，会造成墙面整体效果不佳。解决墙面抹灰色差问题，可以选用同一品牌、同一批次的抹灰材料，确保颜色的统一性。在施工过程中，注意控制涂料的分布情况，确保抹灰层厚度均匀。在抹灰前，可以进行适当的底色处理，如上底漆等，增强基层对涂料的吸附力，减小色差的可能性。

在墙面抹灰工程中，常见问题的解决对于确保抹灰质量、提高装饰效果至关重要。在实际施工中，合理运用这些方法，可以有效避免墙面抹灰中常见问题的发生，提高施工质量，满足装修的需求。

泥瓦工（初级）

泥瓦工（中级）

泥瓦工（高级）

第九章　施工准备

第一节　作业条件准备

（一）施工现场安全隐患的识别

【小贴士】安全隐患是生产经营单位或施工人员违反安全生产法律、法规、标准、规程、安全生产管理规定等，可能导致不安全事件或事故发生，包括：物的不安全状态、人的不安全行为、管理上的缺陷。物的不安全状态包括：防护、保险、信号等装置缺乏或有缺陷；设备、设施、工具有缺陷等；人的不安全行为分为：操作错误、忽视安全；使用不安全设备；物体存放不当，冒险进入危险场所；机器运转时加油、修理、检查、调整、清扫等工作；忽视使用个人防护用品用具；不安全装束等；管理缺陷包括：责任制未落实；管理规章制度不完善；操作规程不规范；培训制度不完善等。

1. 劳动防护用品佩戴安全隐患识别

进入施工现场应全面做好劳动保护，应正确佩戴安全帽、系好安全带、戴防护手套、穿劳保鞋，如图9-1所示。

劳动防护用品隐患识别主要包括以下几个方面：

（1）安全帽：检查安全帽是否老化、破损或人为维修改造，是否符合现行国家标准，是否具有防砸、防穿刺等性能。帽带是否可靠，能否紧固好，是否与帽壳连接牢固，是否正确佩戴。

（2）护目镜：检查护目镜或安全眼镜的透明度，是否有划痕或模糊。检查护目镜的质量和完整性，是否有损坏。检查护目镜的紧固带是否可靠，是否能够固定好。

图 9-1 劳动防护安全用品的佩戴

（3）手套：检查手套的质量和完整性，是否有损坏。根据不同工种选择和佩戴合适的手套。

（4）劳保鞋：检查鞋子的质量，是否有损坏或磨损。根据不同工种选择和穿着合适的鞋子，防止滑倒、夹脚等问题。

（5）工作服：检查工作服或其他身体防护用品是否符合相关标准，是否有损坏或磨损。工作服衣袖不要卷起，不要敞开衣服，扣上扣子和拉上拉链，防止皮肤直接暴露危害。

2. 高处作业安全隐患识别

建筑高空作业的安全隐患主要有高处坠落风险和坠物伤人风险。

1）高处坠落风险

在高空作业中，高处坠落是最常见、最危险的隐患之一。人员从高处坠落可能导致严重的伤害甚至死亡，以下是对高处坠落的安全识别：

（1）检查是否做好"三宝四口"以及临边防护措施：在进行高空作业时，在做好个人安全防护的同时，也应做好四口和临边防护，如围栏、安全网等，这些措施应严密可靠，符合规范要求，如图 9-2 所示。

（2）检查工具和设备：在高空作业之前，对使用的工具和设备进行全面检查，确保其完好无损，防止因工具和设备失效而导致的意外坠落，如图 9-3 所示。

（3）检查是否正确使用安全带：作业人员在高处作业时，应始终佩戴安全带并正确使用，如图 9-4 所示。

图 9-2　高空作业的防护措施

图 9-3　高处作业使用设备检查

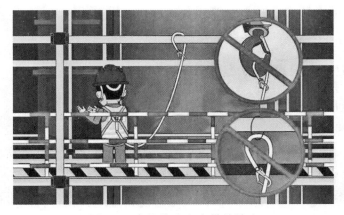

图 9-4　高处作业安全带的检查

2）坠物伤人风险

除了高处坠落风险外，高空作业还存在坠物伤人的风险。坠物可能来自于作业人员手中的工具、材料或其他物品。以下是坠物伤人风险的识别：

（1）清理和整理工作区域：在高空作业之前，必须清理和整理作业区域，将杂物、不必要的工具和设备妥善安置。

（2）严禁高空抛物：对于易坠落的工具和材料，应防止其滑落或掉落。对于拆除的脚手架、模板或其他废料应集中吊运，严禁高空抛物。如图9-5所示。

图9-5　防止坠物伤人

3. 用电安全隐患识别

用电是一项特别要注意安全的工作。乡村建设施工现场用电安全隐患有很多，下面介绍其中一些常见的隐患识别。

1）电气设备未定期检查维修

在施工现场，电动工具、电线、插座等电气设备由于长期使用以及外界因素的影响，设备容易出现磨损、老化等问题，如果不及时进行定期检查维修，会增加电气设备故障的发生概率，从而增加事故发生的风险，如图9-6所示。

图9-6　电气设备应定期检查维修

2）现场电线缆走线混乱

施工现场使用大量的电线缆，如果电线缆的走线不规范、混乱，很容易被人或机械绊倒，造成触电、摔伤等事故。另外，电线缆走线混乱也容易导致线缆间发生短路、火灾等危险，如图9-7所示。

图 9-7　电线缆走线混乱

3）带电体外露

在施工现场，有时由于电工安全意识淡薄，接电时电线内芯暴露在外，容易造成火灾或触电等，如图 9-8 所示。

图 9-8　带电体外露的安全隐患

4）一箱多机或一闸多机

同一开关电器直接控制两台或两台以上用电设备，如图 9-9 所示。开关箱一闸多机也会带来潜在的危害，其中包括：电气事故，如果没有正确的隔离电源和设备，操作人员可能会触电，从而导致电气事故的发生；设备故障，一旦其中一个设备出现故障，由于多台设备被控制在一起，可能出现级联故障，导致多个设备损坏。每台机具必须实行"一机一闸一漏一箱"。

4. 施工现场消防安全隐患识别

（1）施工现场易燃可燃材料多，堆放比较混乱。有些工地由于受到场地的制约，房屋、棚屋之间，建筑材料垛与垛之间缺乏必要的防火间距，一旦发生火灾，势必造成极大的损失。

（2）电焊施工无证上岗或不遵守消防安全操作规程。电焊火花很容易引燃施工现场的各种可燃材料，造成火灾。

图 9-9　一箱多机的安全隐患

（3）施工工地临时线路多，拉接不规范，容易漏电。现场施工时，各种电气设备在施工中广泛使用。临时性的电气线路纵横交错，容易跑电或漏电，导致电火花引燃物品，形成火灾。

（4）消防设施存在不足。乡村建设施工场地灭火器也大多未按要求配置，致使发生火灾时，不能及时使用灭火器材。

（5）消防知识缺乏，自防自救能力差。乡村建设工匠未经过消防培训，对消防安全重视程度差，消防安全意识淡薄，对消防知识了解甚少，一旦发生火灾，其自防自救能力差。

（二）电动助力推车的使用

电动助力推车有不上人电动助力车和可上人电动助力车，如图 9-10 和图 9-11 所示。作业人员使用前应认真学习电动助力推车的使用方法、使用注意事项和维护保养要求等内容。

图 9-10　不上人电动助力车

图 9-11　可上人电动助力车

1. 电动助力推车的操作

电动助力推车的操作使用如下：

（1）推车启动：按下启动开关，确保主控制面板上的指示灯亮起，确认电动推车已开启。

（2）推车前进：如图 9-12 所示，推动手柄向前，电动推车将前进，速度可根据需要调节。

（3）推车后退：推动手柄向后，电动推车将后退，速度可根据需要调节。

（4）转向操作：左右转向操作可通过手柄的转向控制实现。向左推动手柄，推车将向左转向；向右推动手柄，推车将向右转向。

（5）紧急停车：如图 9-13 所示，按下手刹，电动推车将立即停止运行。

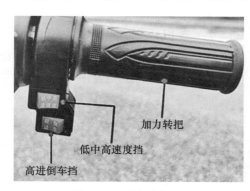

图 9-12　助力车把手　　　　图 9-13　上部手刹把手

2. 电动助力推车运送材料

施工现场使用电动助力推车运送材料是一种高效的方法，可以提高工作效率并减少人力消耗。以下是一般的运送方法：

（1）准备工作：确保电动助力推车处于良好工作状态，电池电量充足，并且推车上没有杂物。同时，将要运送的材料摆放整齐，易于装载。

（2）装载材料：将要运送的材料按照重量和体积合理摆放在电动助力推车的货箱内，确保重心稳定，可以提高车辆的行驶稳定性。

（3）行驶路线规划：在开始推车运送之前，规划好行驶路线，避开施工现场的障碍物和人群，确保安全行驶。

（4）操作技巧：在推车运送过程中，需要注意操作技巧，特别是在转弯和上坡时要注意车辆稳定，避免材料滑落或推车失控。

（5）注意安全：在施工现场操作电动助力推车时，务必注意安全，穿戴合适的劳动防护装备，遵守施工现场的安全规定，确保自身和他人的安全。

【小贴士】使用电动助力推车运输材料时，要保持车辆的稳定。首先要确保车辆的重心稳定，避免超载或不平衡装载导致车辆倾翻；其次要保持行驶时的速度适中，避免急加速或急刹车。在行驶过程中，要避免坑洼或不平的地面，以免发生意外。乡村建设工匠在使用电动助力推车时要时刻牢记安全第一，保护好自己和他人的安全。

（三）施工现场消防器材摆放位置设定

【小贴士】根据《建设工程施工现场消防安全技术规范》GB 50720—2011规定，乡村建设中下列场所应配置灭火器：① 可燃、易燃物存放及使用场所，如油漆涂料及木工堆场；② 动火作业场所，如木工作业棚及钢筋焊接作业场所；③ 施工现场临时住宿用房；④ 其他有火灾危险的场所。

1. 灭火器的设置

（1）灭火器应设置在明显的、便于取用的地方，且应确保工人在火灾发生时快速找到并正确使用，如图 9-14 和图 9-15 所示。对有视线障碍的灭火器设置点，应设置指示其位置的发光标志。

图 9-14　消防设施区域

图 9-15　警戒区域设置

（2）灭火器的设置不得影响安全疏散，同时便于人员对灭火器进行保养、维护及清洁卫生。

（3）灭火器设置点环境不得对灭火器产生不良影响。

（4）灭火器设置点应便于灭火器的稳固安放。

【小贴士】临时搭设的建筑物区域内每 $100m^2$ 配备 2 只 10L 灭火器。临时木工间、油漆间、木机具间等，每 $25m^2$ 配备一只 10L 灭火器。

2. 施工现场灭火器的摆放

（1）灭火器需放置于灭火器箱内，或设置在挂钩、托架上，顶部距离地面高度应小于 1.5m，底部离地面高度不宜小于 0.08m，周围需清空，予以指示，并标有相应的标示线，如图 9-16 所示。

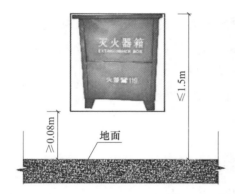

图 9-16　灭火器的摆放位置

（2）灭火器面向外，摆放稳固。

（3）灭火器外观清楚，无灰尘。

（4）灭火器上方须用标识牌标识。标识顶部离地高度大于 1.8m、小于 2.5m 或根据摆放点实际情况设置，要求标识明显易见，指示正确，如图 9-17 所示。

（5）灭火器箱不得上锁。

（6）灭火器摆放在潮湿或强腐蚀性的地点，或灭火器摆放在室外时，应有相应的保护措施。

（7）灭火器等消防设备需定期检查并记录，如图 9-18 所示。

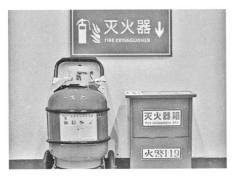

图 9-17　灭火器上方标识牌

图 9-18　灭火器定期检查记录

（四）详图与平面图的对照识别

1. 建筑平面图与详图对照识读

1）建筑详图的索引方法

建筑详图常用的比例为 1：1、1：2、1：5、1：10、1：20、1：50。看详图时应对照平面图进行识别，平面图上往往会标注详图的索引符号。建筑详图必须标出详图符号，应与被索引的图样上的索引符号相对应，在详图符号的右下侧注写比例。详图索引符号见表 9-1，详图符号见表 9-2。

详图索引符号　　　　　　　　　　　　　　表 9-1

名称	符号	说明
详图的索引符号	⑤／— 详图的编号／详图在本张图纸上 —⑤／— 局部剖面详图的编号／剖面详图在本张图纸上	细实线单圆圈直径应为 10mm、详图在本张图纸上、剖开后从上往下投影
	⑤／④ 详图的编号／详图所在的图纸编号 —⑤／④ 局部剖面详图的编号／剖面详图所在的图纸编号	详图不在本张图纸上、剖开后从下往上投影

详图符号　　　　　　　　　　　　　　表 9-2

名称	符号	说明
详图的符号	⑤ — 详图的编号	粗实线单圆圈直径应为 14mm、被索引的在本张图纸上
	⑤／② — 详图的编号／被索引的图纸编号	被索引的不在本张图纸上

2）建筑平面图与详图对照识读

建筑平面图主要表示建筑物的平面形状、水平方向各部分（如入口、走廊楼梯、房间、阳台等）的布置和组合关系、门窗位置、墙和柱的布置、其他建筑构配件的位置和大小等，如图 9-19 所示。

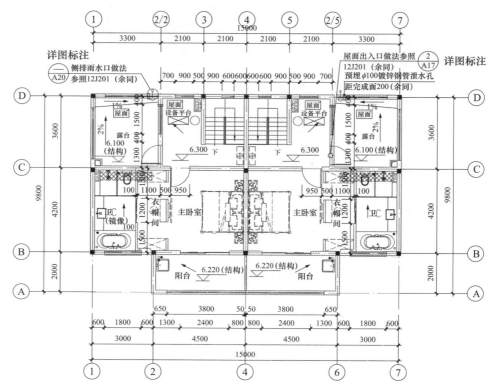

图 9-19 某乡村建筑三层平面图（1∶100）

建筑平面图的主要内容：

（1）层次，图名，比例。

（2）纵横定位轴线及其编号。

（3）各房间的组合和分隔，墙、柱的断面形状及尺寸等。

（4）门窗布置及其型号，楼梯的走向和级数。

（5）室内外设备及设施的位置、形状和尺寸。

（6）标注出平面图中应标注的尺寸和标高。

（7）剖切符号，详图索引符号。

（8）施工说明。

2. 结构平面图与详图对照识读

结构平面布置图主要内容如下：

（1）梁、板、柱等结构构件的尺寸、大小、标高以及定位等。

（2）板的配筋。

（3）结构详图索引以及结构详图，如图 9-20 所示。

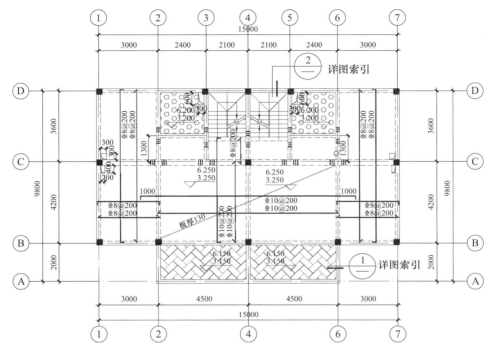

图 9-20 某乡村二～三层结构平面布置图

3. 平面图对照详图案例解读

某农村自建房详图索引案例，如图 9-21 和图 9-22 所示。

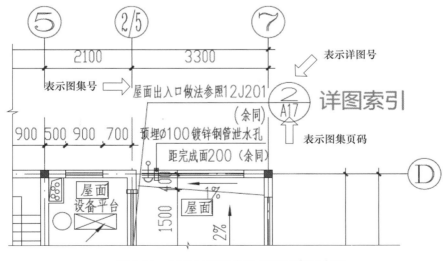

图 9-21 某乡村自建房建筑详图索引案例

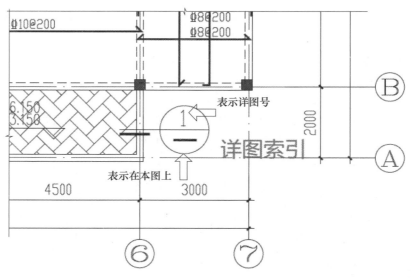

图 9-22　某乡村自建房结构详图索引案例

第二节　材料准备

（一）钢筋外观质量判别

钢筋的外观质量直接影响到其使用效果和建筑的安全性，正确检查和判断钢筋外观质量，及时淘汰有缺陷的钢筋，确保建筑的安全和稳定。

1. 表面质量判别

钢筋表面应该光滑，无锈斑、氧化物和裂纹等缺陷，不应有油污、灰尘等污物。在检查钢筋表面质量时，可以用手触摸或用肉眼观察，以确保表面的平整度和色泽均匀，如图 9-23 所示。

（a）热轧光圆钢筋　　　　　　（b）热轧带肋钢筋

图 9-23　钢筋表面质量

2. 形状和尺寸质量判别

钢筋截面为正圆形，截面与轴线成直角。检测钢筋的形状和尺寸，可以借助相关的检测工具，如卡尺、千分尺等，对钢筋的直径、长度、弯曲度等进行测量，并与标准进行比较，如图 9-24 所示。

图 9-24　钢筋尺寸的检查

（二）砖和砌块外观质量判别

砖和砌块的外观质量判别包括缺棱掉角检查、裂纹检查、弯曲测定、尺寸测量。

1. 外观质量判别

首先观察砖或砌块表面是否平整，缺棱掉角情况，裂纹开展情况等，如图 9-25 和图 9-26 所示。

图 9-25　水泥砖　　　　　　　　图 9-26　混凝土小型砌块

2. 规格尺寸检查

测量砖和砌块的尺寸偏差，如图 9-27 所示，长度、宽度在两个大面上的中间处测量，厚度在两个条面和顶面的中间处测量，以毫米为计量单位，不足 1mm 者按 1mm 计算。

图 9-27　测量尺寸

（三）木模板外观质量判别

【小贴士】模板进场验收标准：① 边角整齐，表面平整，无破裂，起皮；② 因装卸造成个别边角出现勒痕，并不影响使用质量，均视为合格；③ 抽取整批数量的 3‰ 中间锯开，无空心，起层，达到 8～9 层均视为合格；④ 厚度以抽查的方式随机抽查，每片的厚度允许偏差 ±3mm，或整包量尺，允许偏差 ±3cm；⑤ 角要方正，不得出现斜角；⑥ 长宽要达到标准，无长短现象，出现长短，视为不合格。

1. 外观质量判别

外观质量检查主要通过观察检验，观察模板表面是否光滑，四周是否有空隙，以及面皮是否完整。任意部位不得有腐朽、霉斑、鼓泡，不得有板边缺损、起毛。每平方米单板脱胶面积不大于 $0.001m^2$，每平方米污染面积不大于 $0.005m^2$。

看纹理。纹理是判断建筑模板好坏的标准，有规则的纹理层次分明、美观大方，说明该建筑模板的板芯用的是一级原材料，尺寸标准、厚薄均匀，做出的产品才能不易变形、断裂，如图 9-28 所示。不要选择那些纹理杂乱无章的建筑模板。

看裂痕。对于轻度裂痕，如产生在纹理之间的这种裂痕影响不大，可以放心使用。而对于那些裂痕都穿透纹理的建筑模板，不建议使用，因为这种裂痕会延伸，会对工程质量造成影响，在选购建筑模板时一定要注意。

图 9-28 木胶合板表面纹理

2. 规格尺寸检查

建筑工地常用的木胶合板规格尺寸一般是 915mm×1830mm 和 1220mm×2440mm，厚度为 14～20mm，模板进场应进行厚度、长宽尺寸、对角线和翘曲度的检查。

厚度检测方法：用钢卷尺或游标卡尺在距板边 24mm 和 50mm 之间测量厚度，测点位于每个角及每个边的中间，长短边分别测 3 点、1 点，取 8 点平均值，如图 9-29 所示。各测点与平均值差为偏差，厚度允许偏差见表 9-3。

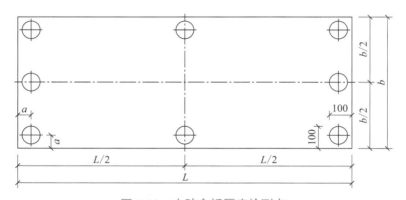

图 9-29 木胶合板厚度检测点

木胶合板厚度允许偏差
表 9-3

公称厚度（mm）	平均厚度与公称厚度间的允许偏差（mm）	每张板内厚度允许偏差（mm）
≥12～<15	±0.5	0.8
≥15～<18	±0.6	1.0
≥18～<21	±0.7	1.2
≥21～<24	±0.8	1.4

长、宽检测方法：用钢卷尺在距板边 100mm 处分别测量每张板长、宽各 2 点，取平均值，允许误差 ±3mm。

对角线差检测方法：用钢卷尺测量两对角线长度之差，允许误差见表 9-4。

木胶合板两对角线长度之差 表 9-4

胶合板公称长度（mm）	两对角线长度之差（mm）
≤ 1220	3
> 1220～≤ 1830	4
> 1830～≤ 2135	5
> 2135	6

翘曲度检测方法：用钢直尺量对角线长度，并用楔形塞尺（或钢卷尺）量钢直尺与板面间最大弦高，后者与前者的比值为翘曲度，翘曲度限值见表 9-5。

木胶合板翘曲度限值 表 9-5

厚度	等级	
	A 等板	B 等板
12mm 以上	不得超过 0.5%	不得超过 1%

（四）木方外观质量判别

1. 木方表面质量判别

首先看木方表面是否有明显裂痕、虫眼、死结、严重变色等情况，其次看建筑木方的纹理，刚加工好的建筑木方应该有自然的色调，清晰的木纹，而且纹理应当是美观大方，如图 9-30 所示，纹理杂乱无章的建筑木方质量一般较差。

图 9-30 建筑木方

2. 建筑木方尺寸的检查

常用木方的尺寸：厚度和宽度 40mm×70mm、40mm×80mm、50mm×80mm、50mm×90mm、50mm×100mm、100mm×100mm，长度通常是 4m、3m。

厚度和宽度检测：量每根木方两边和中间三个位置的宽、厚尺寸，取平均值为该木方的实际尺寸，如图 9-31 所示。若实际尺寸与订购尺寸相差 8mm 以上，是不合格产品。

木方长度检测：实测长度与订购长度相差 10mm 以上为不合格品。

图 9-31　建筑木方尺寸检测

【挑选木方小贴士】

（1）用手掂：挑选建筑木方的时候需要用手拿一拿，含水量大就重一些。

（2）用眼看：看建筑木方的节疤，节疤多、黑色，证明这根建筑木方就不好。

（3）用力抖：用手拿着木方的一端，用力上下抖动，质量不好的木方一般都容易断。

（4）用手敲：用手敲击建筑木方，如果是质量好、新鲜的木方就会发出清脆的声音，如果是腐朽、旧的木方就会发出比较低沉的暗淡声音。

（5）用钉子钉：干燥的建筑木方钉子很容易钉入，湿度大的木方钉子很难钉入，如图 9-32 所示。

图 9-32　建筑木方握钉力检测

（五）脚手架质量判别

1. 木、竹脚手架进场质量判别

1）竹竿材质质量判别

竹脚手架搭设的主要受力杆件选用生长期三年以上的毛竹或楠竹，竹竿应挺直、质地坚韧，严禁使用弯曲不直、青嫩、枯脆、腐烂、虫蛀及裂纹连通二节以上的竹竿。如用小铁锤锤击竹材，年长者声清脆而高，年幼者声音弱，年长者比年幼者较难锯。竹材质量的直观鉴别见表9-6。

竹龄鉴别方法　　　　　　　　　　　　　　　　表 9-6

竹龄 特点	三年以下	三年以上七年以下	七年以上
皮色	下山时呈青色如青菜叶，隔一年呈青白色	下山时呈冬瓜皮色，隔一年呈老黄色或黄色	呈枯黄色，并有黄色斑纹
竹节	单箍突出，无白粉箍	竹节不突出，近节部分凸起呈双箍	竹节间皮上生出白粉
劈开	劈开处发毛，劈成篾条后弯曲	劈开处较老，篾条基本挺直	

竹竿有效部分的小头直径应符合以下规定：横向水平杆不得小于 90mm；立杆、顶撑、斜杆不得小于 75mm；搁栅、栏杆不得小于 60mm；横向水平杆有效部分的小头直径不得小于 90mm，60～90mm 之间的可双杆合并或单根加密使用。

2）木杆质量鉴别

木脚手架所用木杆应采用剥皮的杉木或其他各种坚韧的硬木，禁止使用杨木、柳木、桦木、椴木、油松和其他腐朽、折裂、枯节、破裂严重和杆头破损等易折木杆。

木杆的小头尺寸要求：立杆和斜杆（包括斜撑、抛撑、剪刀撑）的小头直径不应小于 70mm；大横杆、小横杆的小头直径不应小于 80mm；直径小于 80mm 大于 70mm 的横杆可两根并成一根绑定后使用。

3）绑扎材料质量判别

绑扎材料用竹篾时，竹篾规格应符合表9-7的要求。竹篾使用前应置于清水中浸泡不少于 12h，竹篾质地应新鲜、韧性强。严禁使用发霉、虫蛀、断腰、大节疤等竹篾。

竹篾规格　　　　　　　　　　　　　　　　表 9-7

名称	长度（mm）	宽度（mm）	厚度（mm）
毛竹篾	3.5～4.0	20	0.8～1.0
塑料篾	3.5～4.0	10～15	0.8～1.0

绑扎材料采用塑料篾或镀锌钢丝的，必须有出厂合格证和有关力学性能数据。塑料篾进场必须进行抽样检测，在每个批次的绑扎材料中任选 3 件，组成检测样一份，并以同样的方法抽取留样一份备查，检测结果应满足相关规范的规定。钢丝应采用 8 号或 10 号镀锌钢丝，严禁有锈蚀或机械损伤。

4）竹、木脚手板质量判别

（1）竹笆板应符合以下规定：

纵片不得少于 5 道并第一道用双片，横片则一反一正，四边端纵横片交点用钢丝穿过钻孔每道扎牢。竹片厚度不得小于 10mm，竹片宽度可为 30mm。每块竹笆板可沿纵向用钢丝扎两道宽 40mm 双面夹筋。竹笆板长可为 1500～2500mm，宽可为 800～1200mm，长竹笆用作斜道板时，应将横筋作纵筋，如图 9-33 所示。

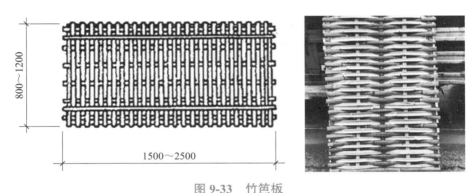

图 9-33　竹笆板

（2）竹串片板应符合以下规定：

竹串片板应采用螺钉穿过并列的竹片拧紧而成，螺钉直径可为 8～10mm，间距可为 500～600mm，螺钉孔直径不得大于 10mm。板的厚度不得小于 50mm，宽度可为 250～300mm，长度可为 2000～3000mm，如图 9-34 所示。

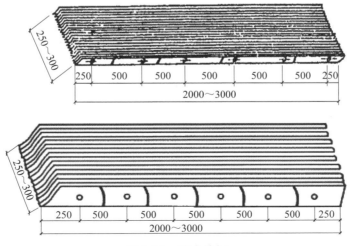

图 9-34　竹串片板

（3）木脚手板质量要求

木脚手板厚度为 50mm，一般允许＋1mm、－2mm 的误差，宽度为 200～300mm，长度为 2m、3m 和 4m。一般应采用杉木板和落叶松板，每块木脚手板质量不宜大于 30kg。不容许有腐朽、髓心、虫眼等，在连接部位的受剪面及附近不容许有裂缝，木节不得大于所在面宽度的 1/3，1m 长度内斜纹高度不得大于 80mm。

2. 钢管扣件式脚手架进场质量判别

1）新钢管的质量检查

（1）应有产品质量合格证，应有质量检验报告。

（2）钢管表面应平直光滑，不应有裂缝、结疤、分层、硬弯、毛刺、压痕和深的划道。

（3）宜采用 $\phi 48.3 \times 3.6$ 的钢管，钢管外径、壁厚、端面等偏差应分别符合表 9-8 的规定。

（4）钢管应涂有防锈漆。

新钢管尺寸检查   表 9-8

序号	项目	允许偏差 Δ（mm）	抽检数量和示意图	检查工具
1	焊接钢管尺寸（mm）：外径 48.3、壁厚 3.6	±0.5 ±0.36	3%	游标卡尺
2	钢管两端面切斜偏差	1.70		塞尺、拐角尺

2）旧钢管的质量检查

（1）表面锈蚀深度应符合表 9-9 的规定，锈蚀检查应每年进行一次。检查时，应在锈蚀严重的钢管中抽取三根，在每根锈蚀严重的部位横向截断取样检查，当锈蚀深度超过规定值时不得使用。

（2）钢管弯曲变形应符合表 9-9 的规定。

旧钢管的质量检查   表 9-9

序号	项目	允许偏差 Δ（mm）	示意图	检查工具
1	钢管外表面锈蚀深度	≤ 0.18		游标卡尺

续表

序号	项目	允许偏差 Δ（mm）	示意图	检查工具
2	钢管弯曲 ① 各种杆件钢管的端部弯曲 l≤1.5m	≤5		钢板尺
	② 立杆钢管弯曲 3m＜l≤4m 4m＜l≤6.5m	≤12 ≤20		
	③ 水平杆、斜杆的钢管弯曲 l≤6.5m	≤30	—	

3）扣件质量检查

扣件进入施工现场，应逐个挑选，有裂缝、变形、螺栓出现滑丝的严禁使用。

（1）扣件应有生产许可证、法定检测单位的测试报告和产品质量合格证，见表 9-10。

（2）新、旧扣件均应进行防锈处理。

扣件的质量检查　　　　　　　　　　　　　　表 9-10

项目	要求	抽检数量	检查方法
扣件	应有生产许可证、质量检测报告、产品质量合格证、复试报告	《钢管脚手架扣件》GB/T 15831—2023 的规定	检查资料
	不允许有裂缝、变形，螺栓滑丝扣件与钢管接触部位不应有氧化皮；活动部位应能灵活转动，旋转扣件两旋转面间隙应小于 1mm；扣件表面应进行防锈处理	全数	目测

4）可调托撑的检查

（1）应有产品质量合格证，质量检验报告。

（2）可调托撑支托板厚不应小于 5mm，变形不应大于 1mm，见表 9-11。

（3）严禁使用有裂缝的支托板、螺母。

可调托撑的质量检查　　　　　　　　　　　　表 9-11

项目	允许偏差 Δ（mm）	示意图	检查工具
可调托撑的支托板变形	1.0		钢板尺、塞尺

（六）管线外观质量判别

1. 电线外观质量判别

一看商品标签。正规厂家生产的电线，每捆的透明包装纸下都会有合格证，合格证上应包括：厂名厂址、认证编号、规格型号、电线长度、额定电压等，如图 9-35 所示。而劣质产品的标签往往印刷不清或印制内容不全。另外，按照国家相关规定，所有电线生产企业必须获得相关部门认证的 CCC 认证标志，并在电线电缆产品上标上 CCC 认证标志。为了确保家庭用电的安全，务必要选择带有 CCC 认证标志的电线电缆。

二看塑料外皮。正规电线的塑料外皮软且平滑，颜色均匀。国家规定电线外皮上一定要印有相关标识，如产品型号、单位名称等，标识间隔不超过 50cm，印字清晰、间隔匀称，如图 9-36 所示。

图 9-35　电线商品标签　　　　　图 9-36　电线塑料外皮

三看铜丝。合格铜芯线的铜芯应该是紫红色、有光泽、手感软，如图 9-37 所示。而伪劣的铜芯线铜芯为黑色、偏黄或偏白，稍用力即会折断。检查时，把电线一头剥开 2cm，然后用一张白纸在铜芯上稍微搓一下，如果白纸有黑色物质，说明铜芯里杂质比较多。另外，伪劣电线电缆绝缘层看上去似乎很厚实，实际上大多用再生塑料制成，时间一长，绝缘层会老化而漏电。

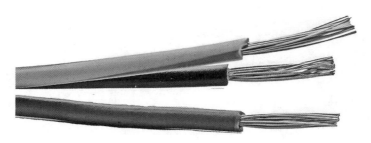

图 9-37　电线铜丝

【小贴士】可取一根电线电缆头用手反复弯曲，凡是手感柔软、抗疲劳强度好、塑料或橡胶手感弹性大且电线电缆绝缘体上无裂痕的就是优等品。

【小贴士】质量好的电线电缆，一般都在规定的重量范围内。如常用的截面面积为 $1.5mm^2$ 的塑料绝缘单股铜芯线，每 100m 重量为 $1.8\sim1.9kg$；$2.5mm^2$ 的塑料绝缘单股铜芯线，每 100m 重量为 $3\sim3.1kg$；$4.0mm^2$ 的塑料绝缘单股铜芯线，每 100m 重量为 $4.4\sim4.6kg$ 等。质量差的电线电缆重量不足，要么长度不够，要么电线电缆铜芯杂质过多。

2. 管材外观质量判别

一看管材外观。看管材的表面是否有气泡、杂质、凹凸不平等缺陷。质量好的管材内外表面都光滑平整，颜色均匀，如图 9-38 所示。优质的管材不会出现爆裂的情况，使用起来才会更加放心。

（a）PVC 管材　　　　　　　（b）PPR 管材

图 9-38　管材外观

二是量管材壁厚。可以用卷尺、卡尺等多种测量工具测量管材壁厚，如图 9-39 所示。优质的管材壁厚均匀，且圆滑统一，而劣质管材则往往管壁较薄，可能会出现爆管的情况。

图 9-39 测量管材壁厚

三是摸管材质感。优质管材摸起来光滑平整，不会出现波浪、节大节小、内壁不均、划痕、坑陷等情况，这样的管材使用寿命才会长久。

（七）防水材料外观质量判别

防水材料进场应观察产品的包装和外观。优质防水材料包装整洁、标识清晰，包括产品名称、生产日期、厂家信息等。防水卷材外观应光滑平整，无明显的凹凸不平和色差，无明显的划痕、开裂或破损等缺陷，如图 9-40 所示。

图 9-40 防水卷材外观

【小贴士】闻气味判断防水材料质量。质量好的防水材料应无刺激性气味，且触感细腻、不粘手。劣质防水材料气味刺鼻，甚至可能含有毒物质。

（八）装修材料外观质量判别

1. 饰面砖外观质量判别

饰面砖表面不得有明显的磨痕、裂痕、色差、斑点等，砖面纹理要求清晰自然，边角要求无破损、剥落等。砖面应保持光滑、清晰一致，如图 9-41 所示。如有特殊纹饰，应与同批次产品保持一致。

图 9-41　饰面砖外观

外观质量判别包括：表面平整度、色差、砖面纹理、边角完整度等项目检查。

饰面砖的尺寸偏差包括：长度偏差、宽度偏差、厚度偏差等。长度偏差要求在 ±1.5mm 以内，宽度偏差要求在 ±1.5mm 以内，厚度偏差要求在 ±0.5mm 以内。

2. 踢脚线外观质量判别

一看材料的颜色纯正鲜艳程度。好材料的踢脚线是一道工艺加工出来的，颜色一般比较纯，而差的踢脚线颜色就呈暗灰黑色，是由第一道工艺出来的废料加工成的。

二看厚度，看重量，在材料确定可以的情况下踢脚线越厚越耐用，如图 9-42 所示。

图 9-42　踢脚线外观

三看表面，如果是贴皮踢脚线就得看表皮是否起小泡，是否与材料粘得牢固，还得注意表皮是否为好 PVC 皮，有的踢脚线表面贴的是纸。如果表面是刷漆处理的踢脚线，就得注意表面是否有节眼，并看漆的致密程度。

3. 吊顶材料外观质量判别

乡村建设农房的厨房和厕所常用铝扣板吊顶，如图 9-43 所示。铝扣板外观质量判别主要看材质、涂层、覆膜以及工艺。

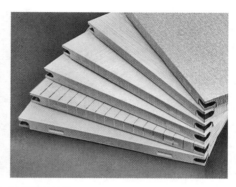

图 9-43　铝扣板吊顶外观

看材质：不要被扣板厚度误导，重点要看材质，用手抚摸感触扣板质感，是否如丝般顺滑，如有脏点或颗粒，说明是非原生态铝材，环保大打折扣。

看涂层：质量越好的铝材本身附着性就好，所以涂层不需很厚，涂层太厚不环保，同时也不利于体现金属质感。

看覆膜：覆膜扣板是在铝材表面热压一层 PVC 膜，厚度一般在 0.15mm 左右，如果覆膜太厚，说明铝扣板就会更薄，成本低廉。

看工艺：做工精良的铝扣板，无论正面、侧面、背面看，色泽都非常均匀、图案精致。特别要关心扣板背面的涂层处理是否精细。

第三节　施工机具准备

（一）手持电钻的故障识别及维修保养

1. 手持电钻故障识别及排除

手持电钻常见故障识别及排除方法见表 9-12。

手持电钻常见故障识别及排除方法　　　　　　　表 9-12

故障	产生原因	排除方法
通电后电机不转动	（1）电源断路	（1）修复电源
	（2）接头松脱	（2）检查所有接头
	（3）开关接触不良	（3）修理或更换开关
	（4）电刷与换向器表面不接触	（4）检查电刷位置使其与换向器接触吻合
通电后有异常声音且不能转动或转速很慢	（1）开关触点烧坏	（1）修理或更换开关
	（2）轴向推力过大使电钻超负荷	（2）减少推力
	（3）钻进时，工具被卡住	（3）停止推进或退出工具
	（4）轴承过紧或齿轮折齿	（4）更换轴承或齿轮
	（5）机械传动部分卡住	（5）检查机械部分卡住原因并消除
电机转但转轴不转	（1）钻轴上的键折断	（1）换用新键
	（2）中间齿轴折断	（2）更换中间齿轴
	（3）电枢轴齿部折断	（3）更换电枢
减速箱外壳过度发热	（1）减速箱中缺乏润滑脂或润滑脂变质	（1）清洗后添加或更换润滑脂
	（2）齿轮啮合过紧或齿间有杂物	（2）检查齿轮或清除杂物
电机外壳过热	（1）负荷过大	（1）钻孔进入速度适当减慢
	（2）钻头太钝	（2）磨锐钻头或换用新的
	（3）电钻装配不合理	（3）检查电枢是否卡紧
换向器上产生较大火花	（1）电枢短路	（1）修复电枢
	（2）电刷与换向器接触不良	（2）检查换向器与电刷接触情况
	（3）换向器表面不平或污垢物较多	（3）消除换向器表面上污垢并磨光其表面
夹头松脱或钻头不转	（1）钻轴锥面或钻夹头内锥有污垢物	（1）清除污垢物重新装上
	（2）钻夹头夹持不紧	（2）夹紧钻头

2. 手持电钻的维修保养

1）电动机修理

（1）表现：通电后，电动机无反应，导致手电钻不能正常作业。

维修办法：电动机不能正常作业，应该拆开电钻机身，如图 9-44 所示，查看是否由于保险丝熔断或电源线烧断。如果存在这方面的问题，应该当即替换保险丝或电源线；还有可能是由于电枢绕组或定子绕组的损坏，须替换或修理绕组；还有可能是由于轴承生锈，应为轴承加上润滑油或进行除锈处理。

（2）表现：电动机越转越慢，导致手电钻的冲击力减小，不能正常作业。

维修办法：由于电刷受到严重的磨损所导致的，应该当即进行替换。

（3）表现：电动机作业时噪声过大，电钻不停震颤。

维修办法：由于轴承磨损形成的，这就得对轴承进行替换。

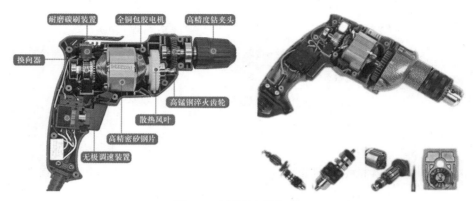

图 9-44　拆开电钻机身

2）电枢绕组的修理

电枢绕组是手电钻中适当重要的组件，如图 9-45 所示，它的损坏会导致手电钻无法进行正常作业。常见的问题有电枢绕组的短路与断路。

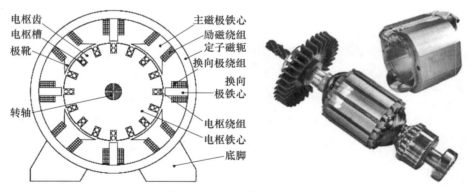

图 9-45　电枢绕组示意图

（1）电枢绕组短路：由于电枢绕组线圈中相邻线圈之间的绝缘表层损坏，导致线圈不能通电，影响正常作业。因此在发现线圈有损坏或线匝的表层绝缘原料有损坏时，应该及时替换线圈，以保证电枢绕组正常作业。

（2）电枢绕组断路：可以用全能测量表进行检测，如果两个换向器之间的电阻值大于正常的参数值，那么这两个换向器之间的线圈必定存在断路，应该当即对这之间的线圈进行替换。

3）手持电钻的保养

（1）经常检查钻头和螺丝刀头：发现钻头磨损时应更换或重新磨锋利。若使用尖端磨损或断裂的钻头，将滑脱而导致危险，所以换用新的。

（2）检查安装螺钉：要经常检查安装螺钉是否紧固妥善，若发现螺钉松了，应立即重新扭紧，否则会发生严重的事故。

（3）定期拆开机身，清洁转子，把转子前的螺旋齿轴抹干净，把壳体内部的油污清抹干净，把钻夹头杆上的斜齿轮和两端轴承（或轴套）清抹干净，最后按照原样装回，将润滑脂加在齿轮副和轴承之间。

（二）无齿锯的故障识别及维修保养

无齿锯常见故障包括锯刃裂纹、锯齿生锈和锯齿卡住现象等。通过更换锯刃、保养锯齿、选择合适的锯齿类型、注意工作负荷和使用适当的助力工具等方式，可以有效排除无齿锯的故障，保证无齿锯的正常使用。

1. 无齿锯常见故障识别

1）锯刃出现裂纹或磨损

当锯刃出现裂纹或磨损时，会导致无齿锯的锯齿不够锋利，影响锯齿的切割效果。造成这种情况的原因可能是锯齿使用时间过长，或者使用不当。

2）锯齿生锈

由于无齿锯经常接触水分和空气，锯齿容易因为生锈而影响锯齿的使用效果。

3）锯齿产生卡住现象

使用无齿锯时，有时锯齿可能会被切割材料卡住，导致无法正常工作。这种故障可能是由于木材太硬或者锯齿积尘等原因造成的。

2. 无齿锯的维修保养

1）更换锯刃

如果发现锯刃裂纹严重或者磨损较大，应该及时更换锯刃。

2）保养锯齿

定期清洗锯齿，涂抹油脂，可以有效延长锯齿的使用寿命，避免锯齿出现生锈等问题。

3）选择合适的锯齿类型

如果锯齿经常卡顿或者效果不佳，可以尝试更换适合于切割材料类型的锯齿，以提高工作效率。

4）注意工作负荷

避免超负荷使用无齿锯，尽量避免在切割材料太硬的情况下使用，以避免出现卡顿等故障。

（三）钢筋调直机的故障识别及维修保养

1. 钢筋调直机的常见故障识别

1）机器启动不了

（1）电源接触不良：首先检查电源接线端是否接触良好，若确认连接紧密，其次检查供电电源是否正常。

（2）保险丝烧坏：检查保险丝是否烧坏，如烧坏需更换新的保险丝。

（3）机器线路或插头问题：检查机器线路和插头是否存在故障，如有故障须更换。

2）调直效果不佳

（1）调直轮偏移：情况较为严重时，须调整调直轮位置，将其偏移角度调整到正常位置。

（2）钢筋卡死：检查钢筋走动是否畅通，如有卡顿现象，需要进行清理维修。

（3）调直轮磨损：检查调整轮是否损坏，如损坏需更换新的调整轮。

3）电路故障

（1）电路板故障：检查电路板是否存在线路短路或损坏现象，如有故障需要修复或更换。

（2）压缩机故障：检查压缩机是否正常，如存在故障则须更换压缩机或进行修复。

4）机器油泵故障

（1）油泵故障：检查油泵是否正常工作，如存在故障则须进行修复或更换。

（2）油压过低：检查油泵压力是否正常，如油泵压力过低需要进行维护和清洗。

钢筋调直机常见故障可能会影响到钢筋加工的效率，针对这些故障需要及时处理和维修，保障钢筋调直机正常工作。

2. 钢筋调直机的维修保养

（1）设备外观和结构的检查。检查设备是否有明显的变形、损坏、锈蚀等情况，检查是否有松动的螺栓、螺母，以及设备的固定和支撑是否稳固。

（2）电气部件和连接线路的检查。检查电气系统接地是否良好，电气连接线路是否接触良好，电气元件是否工作正常，以及电气线路是否有老化和磨损的情况。

（3）润滑油和润滑部件的保养。包括检查润滑油的添加和更换情况，润滑部件的清洁和涂油情况，以及润滑系统的工作状态和泄漏情况。

（4）机器运行参数的检测和调整。包括检测直径调整装置的工作情况，调整直径的准确性，以及调整装置的灵敏度和稳定性。

（5）安全措施的检查和落实。包括检查是否有明显的安全隐患，是否有完善的警示标志和安全防护装置，以及个人防护措施是否到位。

钢筋调直机的维修保养不仅是为了保证设备的正常运行，更是为了保障施工人员的安全和施工质量。

（四）钢筋弯曲机的故障识别及维修保养

1. 钢筋弯曲机常见故障识别

1）钢筋出现折断现象

（1）原因：弯曲角度过大，工作台调整不当，弯曲机偏转度不一致等。

（2）处理方法：调整弯曲角度和工作台位置，调整弯曲机偏转度或更换配件等。

2）弯曲过程中卡住不动

（1）原因：弯曲机刀具磨损、断裂，刀模间隙过小等。

（2）处理方法：更换刀具或调整刀模间隙。

3）弯曲机手臂移动不灵活或不正常

（1）原因：手臂松动，皮带松动，电机故障等。

（2）处理方法：紧固手臂或更换手臂配件，调整皮带松紧和更换电机。

4）弯曲机工作轴卡住或不转动

（1）原因：轴承润滑不足，轴承损坏等。

（2）处理方法：增加润滑或更换轴承。

5）机器不稳定

处理方法：检查机器底座和四轮螺栓是否松动，及时使用扳手将其固定；检查机器液压油箱油量是否充足；在机器不稳定的地方加垫高密度泡沫胶垫片或者铁垫片，增加机器的稳定性。

6）弯曲角度不准确

处理方法：检查机器刀片是否松动或者磨损；调整夹具和刀具位置，根据需要进行微调；切换到其他角度后，再返回需要的角度进行操作。

7）弯曲力度不够

处理方法：检查液压系统是否正常；检查钢筋是否正常放置，是否符合规定的材料；检查夹具的夹紧程度。

2. 钢筋弯曲机的维修保养

1）清洁和润滑

定期清除钢筋弯曲机表面的灰尘和杂物；使用适当的清洁剂和软布清洁机器的外壳；检查润滑部件，如滚轴、链条等，确保润滑油充足并正常工作。

2）检查和修理

定期检查电线、插头等电气部件，确保无暴露的电线和短路风险；注意观察机器运行中的异常声音、振动或其他问题，并及时采取措施予以解决；如发现需要修理的情况，及时联系专业技术人员进行维修。

3）检验和校准

定期进行设备的检验和校准工作，检查钢筋弯曲机的操作准确性和稳定性，确保其在使用过程中输出的产品符合要求。

4）安全措施

每次使用前，确保所有安全设备和保护装置正常运行；维护完毕后，切勿忘记关闭电源并将钢筋弯曲机放置在适当的位置。

第十章 测量放线

第一节 测量

（一）建筑物垂直度的测量

乡村建筑物一般不超过3层，在建筑施工过程中及竣工验收前，为保证建筑上部结构或墙面、柱等与地面铅垂，需要进行建筑物垂直度观测，一般是用铅锤或激光水平仪来测量建筑物的垂直度。

1. 铅锤测量垂直度

如图 10-1 所示，当建筑上部结构或墙面施工到一定高度后，采用吊锤球法测量垂直度，操作人员可手持铅锤线一端，让铅锤自然下垂，操作人员面向墙面，观察墙角线与铅锤连接线是否重合，若重合，则墙面垂直；若不重合，则墙面有倾斜。此时，可以用尺子分别量取墙面下部、中部、上部铅锤连接线与墙面的距离，记录并与标准对比。

图 10-1　铅锤观测法

也可使用铅锤配合铝合金靠尺进行观测，使用时，让靠尺紧贴墙面，观察（读

211

取）铅锤连接线偏移的距离，如图 10-2（a）所示；当铅锤连接线偏移铝合金靠尺中心红线时，如图 10-2（b）所示，说明墙面有倾斜；可使用塞尺测量倾斜大小，观察铝合金靠尺与墙面最大缝隙，放入塞尺，进行测量，如图 10-2（c）所示。

（a）靠尺贴墙面　　　　　　（b）铅锤线偏移靠尺中心红线　　　　　（c）塞尺进行测量

图 10-2　铅锤、铝合金靠尺观测法

2. 激光水平仪测量垂直度

激光水平仪观测与铅锤观测类似，方法为将激光水平仪放置在操作人员所在墙面下，整平，打开竖向激光，底部对准墙角外边线，眼睛观察墙面外边线与激光是否重合，若重合，则墙面垂直；若不重合，则墙面倾斜。此时，可以用钢卷尺分别量取墙面下部和上部激光与墙面的距离，记录并与标准对比。

（二）室外道路、构筑物、景观测量定位

室外道路、构筑物、景观测量定位可采用直角坐标法。

1. 建立平面控制坐标系

建立平面控制坐标系是测量定位的前提，条件允许的情况下，应建立大地坐标系，若条件不具备，可建立独立平面直角坐标系。

如图 10-3 所示，在靠近室外道路、构筑物、景观处，选择合适位置，钉木桩，桩顶部钉钢钉或用铅笔画十字记为点 A，用卷尺沿着靠近室外道路、构筑物、景观位置拉出固定距离（假定为 50m），钉木桩，桩顶部钉钢钉或用铅笔画十字记为点 B。可以设计 A 点、B 点分别为（1000，1000）、（1000，1050）。此时，完成坐标系建立。

2. 室外道路、构筑物、景观测量定位工作

对室外道路、构筑物、景观等进行点线面简化处理，可以理解为均由特征点构成。室外道路直线段由起点、始点两点构成，弯道段一般由三个点构成；构筑物选取角点；如果是独立景观，如独立树，以单点表示，林地、果园、草地、苗圃等有范围的景观，以连续曲线勾绘，再选择曲线上特征点。

如图 10-3 所示，以 AB 方向为 X 轴，找出 1 号特征点在 AB 连线上的垂足，用卷尺量出垂距 X_1、Y_1，则可以定出 1 号特征点。同理，确定其他点位。

最后，将所有点按照一定比例尺展绘到坐标方格纸上，完成图纸，如图 10-4 所示。

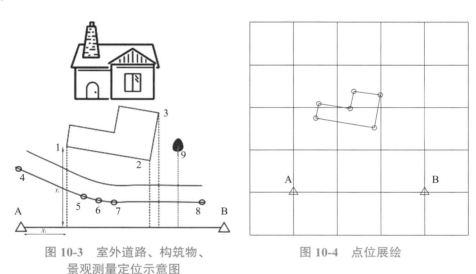

图 10-3　室外道路、构筑物、　　　　　　图 10-4　点位展绘
景观测量定位示意图

第二节　放线

农房建设时，应根据设计图纸在实地放线，具体包括水准点引测和建筑物基坑边线、轴网控制线引测。

（一）水准点引测

根据乡村建设实际，施工场区的地坪标高一般与相邻建筑物标高一致，水准点引测一般有水准测量法和水平管测量法两种方法。

1. 水准测量

测设已知高程，是利用水准测量的方法，根据已知水准点，将设计高程测设到现场作业面上。在建筑设计和建筑施工中，为了计算方便，一般把建筑物的室内地坪用 ±0.000 表示，基础、门窗等标高都是以 ±0.000 为依据确定的。

如图 10-5 所示，某建筑物的室内地坪设计高程为 25.000m，附近有一水准点 A_1，其高程为 $H_1 = 24.110$m。现在要求把该建筑物的室内地坪高程测设到木桩上，作为施工时控制高程的依据。

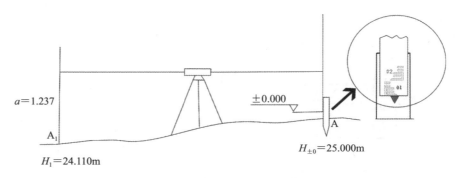

图 10-5　地面上测设已知高程

测设方法如下：

（1）在水准点 A_1 和木桩之间安置水准仪，在 A_1 点立水准尺，用水准仪的水平视线测得后视读数 a 为 1.237m，此时视线高程为：

$$H_i = H_1 + a = 24.110 + 1.237 = 25.347\text{m} \qquad (10\text{-}1)$$

（2）计算 A 点水准尺尺底为室内地坪高程时的前视读数：

$$b = H_i - H_设 = 25.347 - 25.000 = 0.347\text{m} \qquad (10\text{-}2)$$

（3）上下移动竖立在木桩侧面的水准尺，直至水准仪的水平视线在尺上截取的读数为 0.347m 时，紧靠尺底在木桩上画一水平线，其高程即为 25.000m。

（4）为了醒目，通常在横线下用红油漆画"▼"，若该点为室内地坪，则在横线上注明 ±0.000。

2. 水平管测量

取一段长为 5~10m 的透明水管（直径 10mm），利用连通器的原理，连通器的两端都是敞口，两端水位是一样的高度。如图 10-6 所示，在相邻建筑物外墙用铅笔做一记号，用钢卷尺量取此记号与此建筑物地坪垂直距离 S。然后，将加入水的透明水管一端贴近记号 A 处，另一端贴近在建墙体 B，慢慢动作提升或者下降 A 处水管，当 A 处水位线与记号平齐，水位线稳定不变，用铅笔在墙体 B 处对齐水管水位线画横线，此线高度与 A 处高度相等。再用钢卷尺量向下取 S 距离，即为地坪位置。注意，水管中不能有气泡，否则影响测量结果。

图 10-6　水平管测量法

（二）建筑物基坑边线、轴网控制线引测

建筑物基坑边线、轴网控制线引测属于建筑物的放线的内容，如图 10-7 所示，程序为：根据图纸标定左上角 C_1 点和通过 C_1 点的竖向轴线，利用直角尺或勾股定律确定通过 C_1 点的横向轴线。然后详细测设其他各轴线交点的位置，并将其延长到安全的地方做好标志。基坑边线以细部轴线为依据，按照开挖尺寸用白灰撒出建筑物基坑开挖边线。具体放样方法如下：

1. 测设细部轴线交点

如图 10-7 所示，A 轴、C 轴、①轴和⑤轴是四条建筑物的外墙主轴线，其轴线交点 A_1、A_5、C_1 和 C_5 是建筑物的定位点。

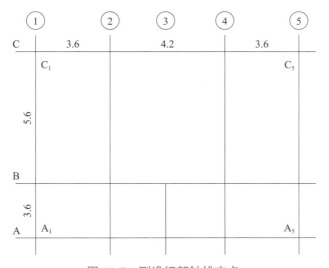

图 10-7　测设细部轴线交点

215

1）定向

某农房长宽主轴线尺寸是11.4m×9.2m，如图10-8所示，在C_1处钉木桩，沿着C_1A_1方向（此方向大致与审批红线边线或原有宅基地边线平行），使用钢卷尺量取9.2m，钉木桩即为A_1。C_1桩顶部钉钢钉或用铅笔画十字记为点C_1，以钢钉处为起点，沿着C_1A_1方向量取3m，钉木桩，上面钉钢钉或用铅笔画十字，记为点D；再按照同样方法，沿着C_1C_5方向（此方向大致与审批红线边线或原有宅基地边线平行），以点C_1为起点，固定距离（此时设置钢卷尺长度为4m）为半径，在C_1C_5方向用铅笔画圆弧（地面可放置一块砖或者木板，圆弧在其上绘制），再按照同样方法，以点D为起点，固定距离（此时设置钢卷尺长度为5m）为半径，在C_1C_5方向画圆弧，两圆弧交点即为F点，此时即确定C_1C_5方向，与C_1A_1方向垂直。从C_1处拉细绳，使细绳严格经过F点，C_1C_5距离为11.4m，即确定C_5位置。按照确定点C_5的方法，利用钢卷尺量距离，确定点A_5和剩下的轴线控制桩。最后，利用细绳将建筑物四个角点连接起来。

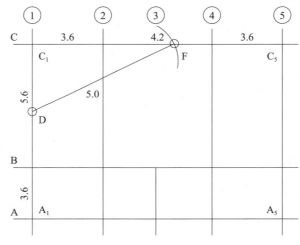

图10-8　圆弧相交法确定轴线

2）定交点

当轴线控制桩已在地面上测设完毕，即可测设次要轴线与主轴线的交点。依然按照量距离方法定位交点。各细部轴线点测设完成后，应在测设位置打木桩（桩上钉小钉），这种桩称为中心桩。测设完最后一个交点后，用钢尺检查各相邻轴线桩的间距是否等于设计值，相对误差不应超过规范要求。

2. 建筑物基坑边线引测

如图10-9所示，先按基础剖面图给出的设计尺寸计算基槽的开挖宽度d。

$$d = b_1 + 2(c + b_2) \tag{10-3}$$

$$b_2 = pH \tag{10-4}$$

式中，b_1为基底宽度，可由基础剖面图中查取，c为施工工作面宽度，H为基槽深度，p为边坡坡度的分母，b_2为边坡坡度计算出的水平距离。根据计算结果，在地面上以轴线为中线往两边各量出$d/2$，拉线并撒上白灰，即为开挖边线。如果是基坑开挖，则只需按最外围墙体基础的宽度、深度及放坡确定开挖边线。乡村建筑开挖边线也可按照以轴线为中心线，两边扩宽0.4～0.5m放线，撒白石灰，确定建筑物基坑边线，见图10-10。

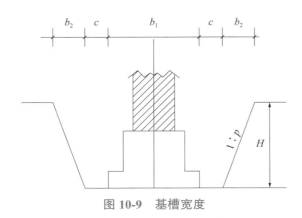

图10-9　基槽宽度

图10-10　基坑槽开挖

3. 轴网控制线引测

本书第六章第二节（四）建筑物各层轴线、控制线的引测已经介绍了外吊锤球法和经纬仪法引测轴网控制线。这里主要介绍轴线控制点的设置以及内部吊线坠法和激光铅垂仪法引测轴线控制网。

1）轴线控制点的设置

在基础施工完毕后，在±0.000首层平面上适当位置设置与轴线平行的辅助轴线。辅助轴线距轴线500～800mm为宜，并在辅助轴线交点或端点处埋设标志，如图10-11所示。以后在各层楼板位置上相应预留200mm×200mm的传递孔，在轴线控制点上直接采用吊线坠法或激光铅垂仪法，通过预留孔将其点位垂直投测到任一楼层。

2）吊线坠法

吊线坠法是利用钢丝悬挂重锤球的方法进行轴线竖向投测。锤球的重量为10～20kg，钢丝的直径为0.5～0.8mm。投测方法如下：

如图10-12所示，在预留孔上面安置十字架，挂上锤球，对准首层预埋标志。当锤球线静止时，固定十字架，并在预留孔四周做出标记，作为以后恢复轴线及放样的依据。此时，十字架中心即为轴线控制点在该楼面上的投测点。

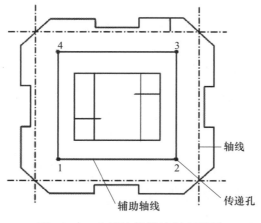

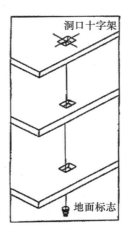

图 10-11　内控法轴线控制点设置　　　图 10-12　吊线坠法投测轴线

【小贴士】用吊线坠法实测时，要采取一些必要措施减少摆动，如用铅直的塑料管套着坠线或将锤球沉浸于水（或油）中。

3）激光铅垂仪法

激光铅垂仪上设置有两个互呈90°的管水准器，并配有专用激光电源。如图10-13所示。

激光铅垂仪投测轴线示意如图10-14所示，其投测方法如下：

（1）在首层轴线控制点上安置激光铅垂仪，利用激光器底端（全反射棱镜端）所发射的激光束进行对中，通过调节基座整平螺旋，使管水准器气泡严格居中。

（2）在上层施工楼面预留孔处，放置接收靶。

（3）接通激光电源，启动激光器发射铅直激光束，通过发射望远镜调焦，使激光束会聚成红色耀目光斑，投射到接收靶上。

（4）移动接收靶，使靶心与红色光斑重合，固定接收靶，并在预留孔四周作出标记，此时，靶心位置即为轴线控制点在该楼面上的投测点。

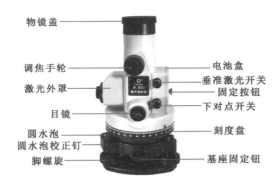

物镜盖
调焦手轮
激光外罩
目镜
圆水泡
圆水泡校正钉
脚螺旋
电池盒
垂准激光开关
固定按钮
下对点开关
刻度盘
基座固定钮

图 10-13　激光铅垂仪

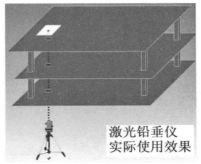

激光铅垂仪
实际使用效果

图 10-14　激光铅垂仪投测轴线

第十一章 工程施工

第一节 加工制作

（一）不同材料称量的方法

建筑材料的称重方式有多种，具体选择需要根据材料性质、尺寸、重量和使用需求等因素进行考虑。目前常见的建筑材料称重方式有如下几种：

1）数量计算法：根据设计图纸或规格要求计算材料数量，然后乘以单位重量，进行称重。

2）直接称重法：将材料直接放在天平、重量计或称重秤上进行称重，如图 11-1 所示。

图 11-1　称重仪器

3）体积重量比法：将材料的体积和重量进行比较，求出单位体积所对应的重量，然后根据材料的实际体积进行称重。

（二）按混凝土配合比进行材料称量

混凝土配合比必须按重量计算，一般对水泥、水、掺合料及其他胶凝物质的称量误差，以重量计，不得超过 ±2%；骨料称量误差不得超过 ±3%。由于砂、石、水泥等材料湿度、密度不同，同体积材料的重量相差很大。因此，混凝土配合比都以重量计算进行控制，如表 11-1 所示，这样的配合比计算法比用体积重量比法更准确。

C20 混凝土配合比   表 11-1

材料名称	水泥（32.5）	砂（中砂）	水	石子
kg/m³	391	430	215	1337
质量比	1	1.1	0.55	3.42
实际用量 1（kg）	100	110	55	342
实际用量 2（kg）	150	165	82.5	513

（三）混凝土现场搅拌的方法

1）手工搅拌

手工搅拌是最基础的搅拌方式，如图 11-2 所示。这种方式使用人工完成搅拌混凝土的工作，只需要准备好混凝土原材料，然后在平整的地面上将材料用铲子或镐子搅拌均匀即可。手工搅拌简单、成本低，但需要一定的人力，同时搅拌的质量受人工操作的影响较大，容易发生质量问题。

2）混凝土搅拌机搅拌

混凝土搅拌机是一种机器，如图 11-3、图 11-4 所示，可以快速而有效地搅拌混凝土。在使用混凝土搅拌机时，只需要将混凝土原材料放入搅拌机内部，机器便会在设定好的时间内自动完成搅拌。使用混凝土搅拌机可以大大提高搅拌效率，保证搅拌质量。

图 11-2　手工搅拌　　　　图 11-3　强制式搅拌机　　　图 11-4　自落式搅拌机

（四）防水卷材裁剪的方法

1. 手工切割防水卷材

手工切割是比较常用的一种防水卷材切割方法，其步骤如下：

1）准备好切割工具，包括切割刀、尺子和齿轮刀。切割刀必须保持锋利，可在切割前使用砂纸磨尖。

2）测量防水卷材的长度和宽度，并用尺子在卷材表面做出标记。

3）使用齿轮刀将防水卷材的标记线削成压线。沿着压线用切割刀将防水卷材割开，如图 11-5 所示。切割刀的刃口要垂直于防水卷材的表面，以确保切割的平直。在使用齿轮刀时，要控制好力度，避免切口过深或过浅。

图 11-5　手工切割

2. 机械切割防水卷材

机械切割是一种更高效、精准的防水卷材切割方法。其步骤如下：

1）准备好机械切割设备，包括手动切割机和自动切割机，如图 11-6、图 11-7 所示。

图 11-6　手动切割机　　　　　图 11-7　自动切割机

2）在进行机械切割之前，需要根据实际需要设置好防水卷材的长度和宽度参数。

3）将防水卷材放置在切割机上，根据设置好的数据，使用机器切割。

第二节　现场施工

（一）自密实混凝土浇筑的方法

1. 浇筑准备和机具准备

1）浇筑准备

根据工程要求和性能要求，进行混凝土的配合比设计，确定水灰比、骨料比例和外加剂掺量等参数。按照自密实混凝土拌制要求和操作规范规程进行拌合。清除施工现场的杂物和污染物，保持施工现场的清洁和整洁。清洗输送泵，确保混凝土的流动性和均匀性，为后续施工做好准备。

2）机具准备

主要机具：搅拌机、吊斗、手推车、磅秤、插入式振捣器、铁锹、木抹子、小平锹、靠尺、水平尺、小勺、水桶、胶皮水管、外加剂量容器等，如图11-8～图11-12所示。对设备进行检查和维护，确保其正常运行。

图 11-8　吊斗　　　　　图 11-9　手推车　　　　图 11-10　插入式振捣器

图 11-11　靠尺　　　　　　　　图 11-12　水平尺

223

2. 浇筑工艺

工艺流程：浇筑施工→自密实处理→养护处理

（1）浇筑施工：根据设计要求，将混凝土均匀地倒入模板或施工区域，采用适当的振捣方式，确保混凝土填充密实。浇筑施工要均匀、连续进行，避免出现堆积和漏浇现象，确保混凝土的均匀性和一致性。

（2）自密实处理：在混凝土浇筑后，采取自密实处理措施，如刷涂密实剂、喷涂密实剂等，以提高混凝土的抗渗性能和耐久性。

（3）养护处理：对已施工的混凝土进行养护处理，包括覆盖保湿、喷水养护等，以保持混凝土的湿润和温度稳定，促进混凝土的早期强度发展。

3. 操作要点

（1）自密实混凝土运输应采用混凝土搅拌运输车，并宜采取防晒、防寒等措施。运输车在接料前应将车内残留的混凝土清洗干净，并应将车内积水排尽。自密实混凝土运输过程中，搅拌运输车的滚筒应保持匀速转动，速度应控制在 3～5r/min，并严禁向车内加水。运输车从开始接料至卸料的时间不宜大于 120min。卸料前，搅拌运输车罐体宜高速旋转 20s 以上。

（2）自密实混凝土浇筑前，应清除表面垃圾及杂物，表面干燥时应洒水湿润，洒水后不得留有积水。

（3）浇筑自密实混凝土时，须进行分层浇筑，每层浇筑高度宜在 1.3～1.5m，浇筑间隔不应超过 90min。自密实混凝土泵送和浇筑过程应保持连续性。自密实混凝土浇筑时，尽量减少泵送过程对混凝土高流动性的影响，使其和易性能不变。施工现场值班人员应确保混凝土质量均匀稳定，发现问题及时调整。使用钢筋插棍进行插捣，并用锤子敲击模板，起到辅助流动和辅助密实的作用。

（4）自密实混凝土浇筑至设计高度后可停止浇筑，20min 后再检查混凝土标高，如标高略低再进行复筑，以保证达到设计要求，如图 11-13 所示。

（5）自密实混凝土浇筑完毕后，应按施工技术方案要求及时采取有效的养护措施，应在竖向构件混凝土浇筑后 4h 以内对混凝土表面喷洒养护液养护。构件采用覆盖浇水养护，浇水次数应能保持混凝土处于湿润状态。若采用塑料薄膜覆盖养护的混凝土，其敞露的全部表面应覆盖严密，并应保持塑料薄膜内有凝结水。养护时间不少于 14 天，混凝土表面与内部温差小于 25℃。

图 11-13　检查标高

（二）轻骨料混凝土浇筑的方法

1. 浇筑准备和机具准备

1）浇筑准备

（1）搅拌：按照加料顺序，采用自落式搅拌机，先加 1/2 的用水量，然后加入粗细骨料和水泥，搅拌约 1min，再加剩余的水量，继续搅拌不少于 2min。采用强制式搅拌机，先加细骨料、水泥和粗骨料，搅拌约 1min，再加水继续搅拌不少于 2min。搅拌时间应比普通混凝土稍长，其搅拌时间约 3min。

（2）运输：在初期，轻骨料吸水能力很强，所以在施工中应尽量缩短混凝土由搅拌机出口至作业面浇筑这一过程的时间，一般不能超过 45min。宜用吊斗直接由搅拌机出料口吊至作业面浇筑，避免或减少中途倒运，若导致混凝土拌合物和易性差、坍落度变小时，宜在浇筑前人工二次搅拌。

2）机具准备

主要机具：搅拌机、吊斗、手推车、磅秤、插入式振捣器、铁锹、铁盘、木抹子、靠尺、水平尺、小勺、水桶、胶皮水管、外加剂计量容器等，部分工具如图 11-14～图 11-19 所示。

图 11-14　磅秤

图 11-15　铁锹

图 11-16　木抹子

图 11-17　小勺

图 11-18　水桶

图 11-19　胶皮水管

2. 浇筑工艺

（1）浇筑：应连续施工，不留或少留施工缝。浇筑混凝土应分层进行，对大模板工程，每层浇筑高度的第一层不应超过 50cm，以后每次不超过 1m。若留施工缝，应将其垂直留在内外墙交接处及流水段分界处，设钢丝网或堵头模板，继续施工前，必须将接合处清理干净，浇水湿润，然后再浇筑混凝土。

（2）振捣：轻骨料密度轻，故容易造成砂浆下沉，轻骨料上浮。插入式振捣器要快插慢拔，振点要适当加密，分布均匀，其振捣间距小于普通混凝土间距，不应超过振动作用半径，插入深度不应超过浇筑高度。振动时间不宜过长，防止分层离析。混凝土表面用工具将外露轻骨料压入砂浆中，表面用木抹子抹平。

3. 操作要点

（1）混凝土拌合物浇筑倾落高度大于 2m 时，应设置混凝土串筒、斜槽等辅助工具，以免产生拌合物的离析。浇筑面积较大的构件时，如其厚度大于 24cm，宜先用插入式振捣器振捣后，再用平板式振捣器进一步进行表面振捣，如图 11-20、图 11-21 所示。

图 11-20 插入式振捣器振捣　　　　　　图 11-21 平板式振捣器振捣

（2）"振动时间短，振动间距短"是轻骨料混凝土振动成型时的操作原则。混凝土分层振捣，每层控制在 30cm 以内，插点要均匀，振捣时间不宜过长，以拌合物捣实为准。振捣时间随混凝土拌合物坍落度、振捣部位不同而异，一般宜控制在 10～30s 内，否则会使陶粒和砂浆分离。

（3）在振捣时和振捣后，下层陶粒由于上部砂浆的阻挡不会上浮，只有面层的陶粒容易产生露面现象，可用木拍及时将浮在表层的轻骨料颗粒压入混凝土内。若颗粒上浮面积较大，可采用表面振动器复振，使砂浆返上，再做抹面，如图 11-22 所示。

（4）浇筑、振捣时保护好洞口、预埋件及水、电预埋管、盒等。混凝土浇筑、振捣及完工后，要保持露出钢筋位置的正确。混凝土浇筑成型后应及时覆盖和喷水养护，如图 11-23 所示。

图 11-22 混凝土抹面　　　　　　　　图 11-23 轻骨料混凝土

（三）砖混结构条形基础组砌的方法

1. 施工准备和机具准备

1）施工准备

提前将材料堆放至现场，堆放砖应距离基坑边 1m 以外。在操作前，必须检查操作环境是否符合安全要求，如道路是否畅通、工具是否完好牢固、安全设施是否符合要求、防护用品是否佩戴齐全等，符合要求后才能进入施工作业区。检查基槽尺寸、垫层的厚度和标高，及时修正基槽边坡偏差和垫层标高偏差。

2）机具准备

搅拌机、翻斗车、手推车、胶皮管、筛子、铁锹、半截灰桶、托线板、线坠、水平尺、小白线、砖夹子、瓦刀、刨锛、工具袋等，部分工具如图 11-24～图 11-27 所示。

图 11-24　筛子

图 11-25　半截灰桶

图 11-26　线坠

图 11-27　刨锛

2. 施工工艺

1）工艺流程

检查放线→立皮数杆→摆底→放脚（收退）→挂线→正墙→检查、抹防潮层→完成基础。

2）检查放线、立皮数杆

砖基础应根据轴线，弹出大放脚基础的边线，在立好的基础皮数杆上要标明大放脚收退要求及防潮层位置等，如图 11-28 所示，然后按此摆底。

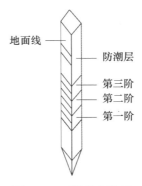

图 11-28 基础皮数杆

3）摆底

选择组砌方式，当设计无规定时，可采用一顺一丁、梅花丁或三顺一丁组砌法，如图 11-29～图 11-31 所示。

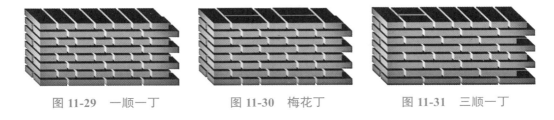

图 11-29 一顺一丁 　　　　图 11-30 梅花丁 　　　　图 11-31 三顺一丁

按照基底尺寸线和已定的组砌方式，不用砂浆，把砖在一段长度内整个干摆一层。排砖时考虑竖直灰缝的宽度，要求山墙摆成丁砖、檐墙摆成顺砖，要求接槎合理、操作方便。排完砖，用砂浆把干摆的砖砌起来，称为摆底。

为满足大放脚上下皮错缝要求，基础大放脚如图 11-32 所示，转角处要放七分头，七分头应在山墙和檐墙两处分层交替放置，不论底下多宽，都按此规律，一直退至实墙，再按墙的组砌法砌筑。基础大放脚转角处的组砌法如图 11-33 所示。

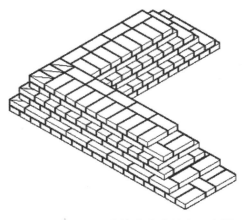

图 11-32 六皮三收等高式大放脚示意图

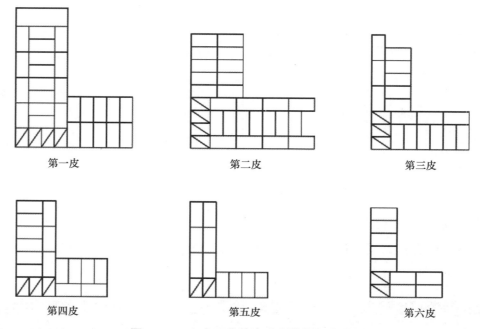

第一皮　　　　　　　　第二皮　　　　　　　　第三皮

第四皮　　　　　　　　第五皮　　　　　　　　第六皮

图 11-33　六皮三收等高式大放脚组砌图

等高式大放脚是每两皮一收，每次收进 1/4 砖（脚 120mm 高，收 60mm 宽）。不等高式大放脚是两层一收及一层一收交错进行，每次收 60mm。砖基础剖面图如图 11-34 所示。

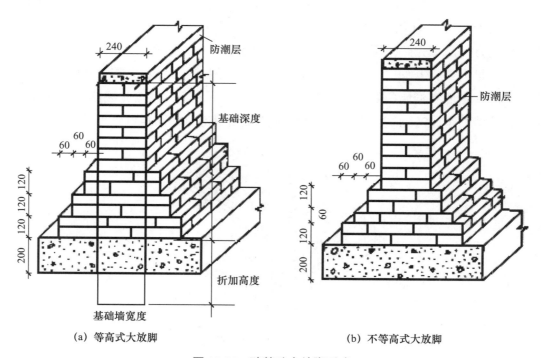

（a）等高式大放脚　　　　　　　　　　（b）不等高式大放脚

图 11-34　砖基础大放脚形式

4）放脚（收退）

砖基础大放脚摆底完成后，即开始砌筑大放脚，重点要掌握大放脚的收退方法。砌基础大放脚的收退，应遵循"退台压顶"的原则，宜采用一顺一丁的砌法。退台的每层台阶上面一皮砖为丁砖，有利于传力；砌筑完毕填土时，也不易将退台砖碰掉。间隔式大放脚收一皮处，应以丁砌为主。

5）正墙

基础大放脚收退结束，即为正墙身。砖基础大放脚收退到正墙身处，砌基础墙最后一皮砖也要求用丁砖排砌。基础分段砌筑，必须留踏步槎，分段砌筑的相差高度不得超过 1.2m。

6）检查、抹防潮层、完成基础

砖基础正墙结束（砌到 ±0.000 以下 60mm）时，应及时检查轴线位置、垂直度和标高，检查合格后做防潮层。防潮层应作为一道工序来单独完成，不允许在砌墙砂浆中添加防水剂来代替防潮层。

3. 操作要点

（1）基础底标高不同时，应从低处砌起，并应由高处向低处搭接。当设计无要求时，搭接长度 L 不应小于基础底的高差 H，搭接长度范围内下层基础应扩大砌筑，如图 11-35 所示。

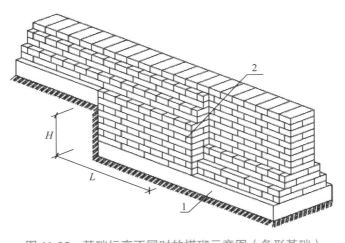

图 11-35　基础标高不同时的搭砌示意图（条形基础）
1—混凝土垫层；2—基础扩大部分

（2）砖基础大放脚摆放宜先从摆放转角开始，先摆转角，转角摆通后，砌几皮砖，再以转角为标准，以山丁檐跑的方法摆通全墙身，按皮数杆双面拉水平线，进行首皮大放脚的摆底工作。基础大放脚的退台从转角开始，每次退台必须用卷尺量准尺寸，中间部分的退台应按照大角处拉准线进行，不得用目测估算或砖块比量，以防出现偏差。

（3）砌筑时应掌握的要点是，随时检查垂直度、平整度和水平标高。基础墙的墙角，每次砌筑高度不超过五皮砖，随盘角随靠平吊直，以保证墙身的横平竖直。砌墙应挂通线，240墙外面挂线，370及以上墙应双面挂线。

（4）墙上的各种预留孔洞、预埋件、接槎的拉结筋，应按设计要求留置，不得事后开凿。基础灰缝必须填密实，以防止地下水的浸入。

（5）防潮层所用砂浆一般采用1∶2水泥砂浆加水泥含量为3%～5%的防水剂搅拌而成。抹防潮层时，应先将墙顶面清扫干净，浇水湿润。在基础墙顶的侧面抄出水平标高线，然后用直尺夹在基础墙两侧，按水平线找准，然后摊铺砂浆，一般20mm厚，待初凝后再用水抹子收压一遍，做到平、实，表面光滑。

（四）清水砖墙组砌的方法

1. 施工准备和机具准备

1）施工准备

清水墙对砖的外形质量比混水墙要求高，砖应达到尺寸准确、棱角方正、不缺不碎，砖的色泽也应一致。砂的粒径级配应符合中砂要求，应避免颗粒过大而使灰缝厚薄不匀，导致外墙水平缝不均匀而失去美观。

操作前必须对基层（在底层墙即对基础）进行放线检查，如轴线边线是否兜方，各墙角处的皮数杆同层标高是否一致。如发现不符合要求的，应进行纠正。例如，第一皮砖的灰缝过大，则应用C20细石混凝土找平至与皮数杆相吻合的位置，检查相配合的脚手架是否符合使用要求。随后，进行砂浆拌制，砖块运至操作地点，轻装轻卸。

2）机具准备

主要机具：搅拌机、翻斗车、手推车、胶皮管、筛子、铁锹、半截灰桶、托线板、线坠、水平尺、小白线、砖夹子、瓦刀、刨锛、工具袋等。

2. 施工工艺

1）工艺流程

放线、弹线→确定组砌方法→摆砖样、撂底→立皮数杆→盘角挂线→砌砖→勾缝→清理→验收。

2）放线、弹线

对基层进行检查，先将基层清扫干净，然后弹出墙体厚度、墙体的中心线，立好皮数杆，如图11-36所示。

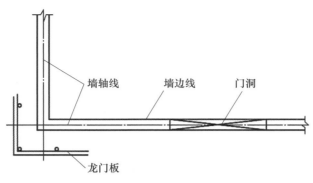

墙轴线　　墙边线　　门洞

龙门板

图 11-36　放线

3）确定组砌方法

一般清水墙的组砌以外观达到美观为原则，大多采用满丁满条或梅花丁的组砌形式。组砌时一般遵循山丁檐跑，同时要考虑七分头的位置是放在第一块还是放在第二块，整个组砌必须与全部排砖摞底相结合考虑。

4）摆砖样、摞底

在放线的基面上按选定的组砌方式用干砖试摆。一般在房屋外纵墙方向摆顺砖，在山墙方向摆丁砖；从一个大角摆到另一个大角，砖与砖之间留 10mm 缝隙，如图 11-37 所示。

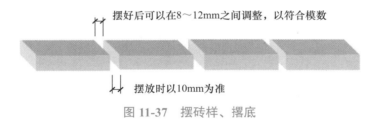

摆好后可以在8～12mm之间调整，以符合模数

摆放时以10mm为准

图 11-37　摆砖样、摞底

其目的是核对所放的墨线在门窗洞口、附墙垛等处是否符合砖的模数，使每层砖的砖块排列和灰缝厚度均匀，并且尽量减少砍砖。

5）立皮数杆

皮数杆是一种标志杆，在其上划有每皮砖和砖缝厚度，以及门窗洞口、过梁、楼板、梁底、预埋件等标高位置，其主要作用是控制每皮砖砌筑的竖向尺寸，并使铺灰、砌砖的厚度均匀，保证砖皮水平，控制墙体各部分构件的标高。如图 11-38 所示。

6）盘角挂线

盘角是指先按皮数杆砌墙角，每次盘角不得超过 5 皮砖。墙角砌好后，在头角上挂准线，再按照准线砌筑中间墙体，以保证墙面平整，一般一砖墙、一砖半墙可单面挂线，一砖半以上的墙应双面挂线，如图 11-39 所示。

墙角砌好后，即可挂线。

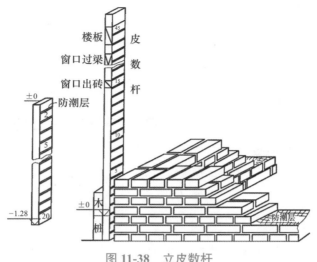

图 11-38 立皮数杆

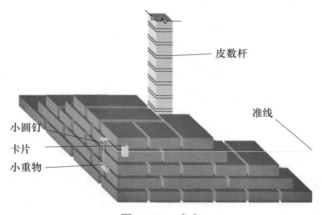

图 11-39 盘角

7）砌砖

砌砖工程一般采用"三一"砌筑法，即"一块砖、一铲灰、一挤揉"工艺砌筑砖砌体的操作方法。砌筑时一手拿砖，一手把披上灰的瓦刀把砖的外棱披上灰条，也可以在已经砌好的砖层外棱披上灰条，如图 11-40、图 11-41 所示。

图 11-40 铺灰

图 11-41 挤揉法

8）勾缝

勾缝的顺序是从上而下进行，先勾水平缝后勾立缝，如图 11-42 所示。勾缝准备：勾缝前应清除墙面上粘结的砂浆、灰尘、污物等，并洒水湿润；瞎缝应予开凿；缺棱掉角的砖，应用与墙面相同颜色的砂浆修补平整；脚手眼应用与原墙相同的砖补砌严密。勾缝成品如图 11-43 所示。

勾缝形式如图 11-44 所示。

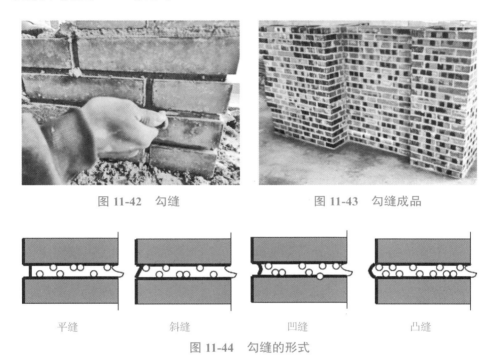

图 11-42 勾缝　　　　　　　　　图 11-43 勾缝成品

平缝　　　　　　斜缝　　　　　　凹缝　　　　　　凸缝

图 11-44 勾缝的形式

9）清理、验收

验收的内容及标准见表 11-2。

砖砌体尺寸、位置的允许偏差及检验　　　　　　　　表 11-2

项次	项目		允许偏差（mm）	检验方法	抽检数量
1	轴线位移		10	用经纬仪和尺或用其他测量仪器检查	承重墙、柱全数检查
2	基础、墙、柱顶面标高		±15	用水准仪和尺检查	不应少于 5 处
3	墙面垂直度	每层	5	用 2m 托线板检查	不应少于 5 处
		全高　＜10m	10	用经纬仪、吊线和尺或用其他测量仪器检查	外墙全部阳角
4	表面平整度	清水墙、柱	5	用 2m 靠尺和楔形塞尺检查	不应少于 5 处
5	水平灰缝平直度	清水墙	7	拉 5m 线和尺检查	不应少于 5 处

项次	项目	允许偏差（mm）	检验方法	抽检数量
6	门窗洞口高、宽（后塞口）	±10	用尺检查	不应少于 5 处
7	外墙上下窗口偏移	20	以底层窗口为准，用经纬仪或吊线检查	不应少于 5 处
8	清水墙游丁走缝	20	以每层第一皮砖为准，用吊线和尺检查	不应少于 5 处

3. 操作要点

（1）砌筑墙体时，应根据每次砌筑墙体的数量，合理拌合设计强度要求的砂浆，并及时砌筑使用。出现砌筑砂浆落地或砌筑时间间隔过长致使砂浆结硬等情况时，这样的砂浆就不能再使用了。砌筑墙体时，砂浆一定要采用水泥砂浆，保证砂浆具有较好的黏粘性和较高的砂浆强度。

（2）在砌筑过程中应多靠多吊，一般三皮一吊、五皮一靠，把砌筑误差减小到最低限度，以保证墙面垂直、平整。

（3）灰缝要均匀，碰头灰要打严。砌好后要用瓦刀把挤出砖外的余灰刮去，墙面不应有竖向通缝。

（4）砌体的转角处和交接处应同时砌筑，不能同时砌筑时，应按规定留槎、接槎；可砌成斜槎，斜槎水平投影长度不应小于高度的 2/3。

① 每 120mm 墙厚放置 1φ6 拉结钢筋（120mm 厚墙应放置 2φ6 拉结钢筋）；

② 间距沿墙高不应超过 500mm，且竖向间距偏差不应超过 100mm；

③ 埋入长度从留槎处算起，每边均不应小于 500mm，对抗震设防烈度 6 度、7 度的地区，不应小于 1000mm；末端应有 90° 弯钩，如图 11-45 所示。

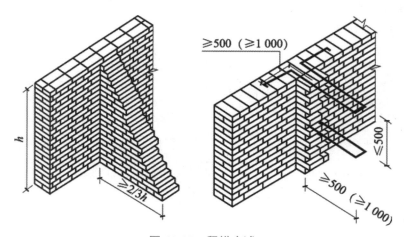

图 11-45 留槎方式

（5）勾缝要求：缝深 4～5mm，横平竖直，深浅一致，搭接平整，不得有瞎缝、丢缝、裂缝和粘结不牢现象。

（五）直槎、斜槎、马牙槎等组砌的方法

1. 施工工艺

（1）直槎。像刀口一样的槎就是直槎。一般来说，在施工中不能留斜槎时，除了转角处以及非抗震设防建筑时，可以留设直槎，因为直槎对房屋结构的整体性不太好。直槎有阴槎和阳槎两种做法。阴槎，槎面看上去是凹进去的，指留槎时面砖不砌，待接槎时塞入，阴槎也叫凹槎，如图 11-46 所示。阳槎，槎面看上去是凸出来的，指留槎时丁砖不砌，接槎时塞入，凸槎也叫阳槎，如图 11-47 所示。直槎必须做成凸槎，并应加设拉结钢筋。

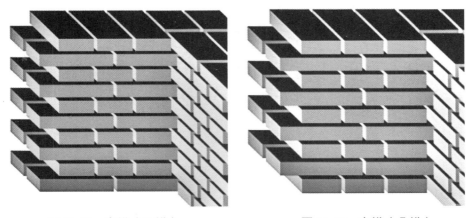

图 11-46　直槎（凹槎）　　　　　　图 11-47　直槎（凸槎）

（2）斜槎。像锯齿一样的槎就是斜槎，如图 11-48 所示。作用就是为了增加后砌的砖墙与之前砌的砖墙的结合，提高两次施工墙体的整体性，加强房屋的整体性。

（3）马牙槎。有大马牙槎和小马牙槎两种叫法，作用为保持砌体的整体性与稳定性。大马牙槎，如图 11-49 所示，指设置构造柱时墙体与构造柱相交处的砌筑方法，砌墙时在构造柱处每隔五皮砖伸出 60mm，伸出的皮数也是五皮，也就是"五进五出"，同时也要按规定预留拉结筋，如图 11-50～图 11-52 所示。小马牙槎，指砌墙时在留槎处每隔一皮砖伸出 60mm，以备以后接槎时插入相应的砖，但这种槎属直槎，一般不宜使用。

2. 操作要点

（1）砌筑过程中要拉线，找正墙的轴线和边线；砌筑时保持墙身垂直。

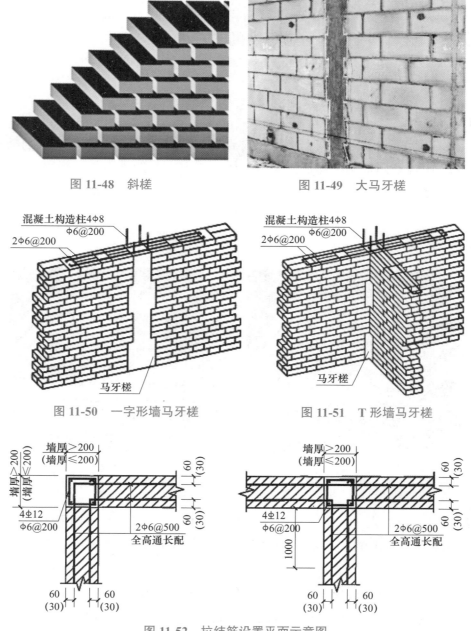

图 11-48　斜槎　　　　　　　　　图 11-49　大马牙槎

图 11-50　一字形墙马牙槎　　　　图 11-51　T 形墙马牙槎

图 11-52　拉结筋设置平面示意图

（2）盘角时灰缝要掌握均匀，每层砖都要与皮数杆对平，通线要绷紧穿平，砌砖时小线要拉紧，防止一层线松，一层线紧。砌筑时要左右照顾，避免接槎处接得高低不平。

（3）应随时注意正在砌的皮数，保证按皮数杆标明的位置放拉结筋，其外露部分在施工中不得任意弯折；并保证其长度符合设计要求。

（4）构造柱砖墙应砌成大马牙槎，马牙槎的凹凸尺寸不能小于 60mm，高度不超过 300mm。马牙槎要对称砌筑，尺寸偏差不能够超过两处，沿边高度每 500mm 就要设置水平拉结钢筋，如图 11-53 所示，每边深入墙内不能小于 1.0m。应先退后进，以保证混凝土浇筑时上角密实。构造柱内的落地灰、砖渣杂物必须清理干净，防止混凝土内夹渣。

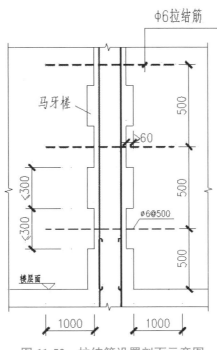

图 11-53　拉结筋设置剖面示意图

（六）筒瓦、中瓦、平瓦屋面挂铺的方法

1. 施工工艺

1）工艺流程

准备工作→运瓦→挂屋面瓦

2）准备工作

木基层多指用木椽条作基层，如图 11-54 所示。木椽条的截面为 40mm×70mm，平直地钉在木檩条上。木椽条的长度不能小于两檩条的间距。接头部位采用斜口。在一根檩条上左右相邻的有接头的木椽不能连续超过 3 根。椽与檩条交接处都必须用钉子钉牢。

3）运瓦

运瓦时要稳拿、轻放。堆放地点应靠近建筑物，堆垛时应立放成条形或圆形，层高以 5～6 层为宜，不同规格的瓦应分别堆垛。往屋面上运瓦时尽量使用提升设备送到脚手架，然后人工搬运至屋面。瓦在屋面上堆放应根据铺瓦要求选好地点，同时要前后两坡同方向堆放，如图 11-55 所示，摆放在椽条上应均匀有序，靠屋脊处可多摆放一些，以备作屋脊用。

图 11-54　木椽条铺设

图 11-55　瓦片堆放

4）挂屋面瓦

先顺坡拉线，屋面主瓦、下檐口瓦的挂瓦次序从檐口由下至上、由右至左方向进行铺设。铺瓦要求"一搭三"，如图 11-56 所示，即瓦面上下搭接 2/3。铺阴阳瓦屋面时，要先铺底瓦（阴瓦），后铺面瓦（阳瓦）。一楞瓦铺完后用直尺校直瓦楞和瓦面。屋面瓦全部铺完，山墙的边棱下及搪口瓦头的空隙处要用麻刀灰或纸筋灰堵实抹光。

图 11-56　挂屋面瓦

2. 操作要点

（1）筒瓦铺瓦时的搭接要求是：上底瓦压搭下底瓦约 30mm，上盖瓦与下盖瓦平头对齐，盖瓦边棱应每侧扣入瓦底 25～30mm，底瓦与底瓦边棱间的净距离约为 60mm，盖瓦与盖瓦之间的边棱净距离约为 80mm（即瓦沟的宽度），作为屋面排水的沟道。檐口第一张瓦伸出封檐板的外挑尺寸为 50～60mm，如图 11-57 所示。

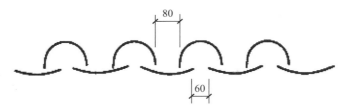

图 11-57 筒瓦垄沟示意图

（2）中瓦和平瓦铺瓦的顺序是从檐口到屋脊，从每块屋面的左侧山头向右侧山头进行。檐口的第一块瓦应拉准线铺设，平直对齐，并用铁丝和檐口挂瓦条拴牢。上下两棱瓦应错开半张，使上行瓦的沟槽在下行瓦当中，瓦与瓦之间应落槽、挤紧，不能空搁，瓦爪必须勾住挂瓦条，随时注意瓦面、瓦棱平直。

（3）屋面瓦的颜色应一致，无破损、缺边、掉楞、裂纹等缺陷。瓦楞要直，外观整齐，感观良好。

（七）脊、天沟、斜沟、泛水和老虎窗制作的方法

1. 施工工艺

1）工艺流程

挂天沟、斜沟、山边脊瓦→做平、斜屋脊→老虎窗→屋面泛水

2）挂天沟、斜沟、山边脊瓦

在铺设斜脊、斜沟瓦时，如图 11-58 所示，要把整个屋面瓦先挂上，斜沟瓦一般都可以搭盖泛水，宽度不得小于 180mm，弹出墨线，将多余的瓦面用切割机锯平，然后按次序挂上，如图 11-59 所示。

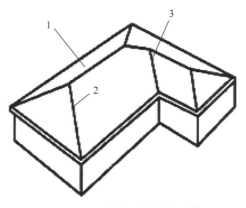

图 11-58 坡屋面的交接形式

1—屋脊；2—斜脊；3—天沟

241

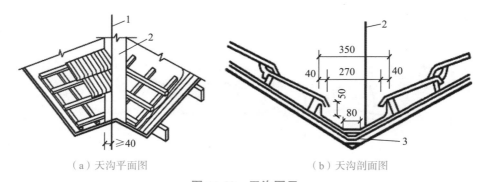

（a）天沟平面图　　　　　　　　　（b）天沟剖面图

图 11-59　天沟图示

1—割角线；2—镀锌薄钢板天沟；3—三角木

3）做平、斜屋脊

将瓦片斜成一定的角度挤紧，由山头向中间筑脊；也可以将瓦片直立，先在山头平放一叠瓦封头，再从两边向中间筑脊至中央合拢。屋脊筑完后，要用混合砂浆或纸筋灰将背脊处抹好，如图 11-60、图 11-61 所示。斜瓦或立瓦筑的屋脊上面再抹一层盖头灰，盖头灰可用纸筋灰加适量的烟墨拌匀抹之。

4）老虎窗

老虎窗应设置在屋面板的支承端。屋面转折处、防水层与突出屋面的交接处，并应与屋面板缝对齐，使防水层因温差影响、结构变形等因素造成的防水层裂缝，集中到分格缝处，以免板面开裂。当屋面采用石油、沥青、油毡作防水层时，分格缝处应加 200～300mm 宽的油毡，用沥青胶单边点贴，分格缝内嵌填满油膏，如图 11-62 所示。

5）屋面泛水

排水沟部位的瓦片应根据定位放线尺寸进行铺设，底部空隙用聚合物水泥砂浆封堵密实，抹平或增设排水沟止水条，瓦片主瓦伸入排水沟的长度不应小于 150mm。伸出屋面的山墙、女儿墙等结构的泛水应采用柔性泛水材料，使用聚合物水泥砂浆抹成时，应增设网格布，泛水在侧面瓦上的宽度应大于 80mm。

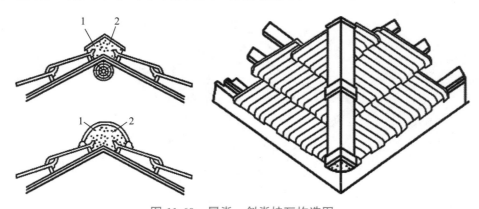

图 11-60　屋脊、斜脊挂瓦构造图

1—脊瓦；2—1：1：4 水泥石灰砂浆加 1.5% 麻刀

图 11-61　屋脊、斜脊瓦　　　　　　　图 11-62　老虎窗

2. 操作要点

（1）天沟和斜脊处一般先试铺，然后按天沟走向弹出墨线编号，并把瓦片切割好，再按编号顺序铺盖。天沟的底部用镀锌钢板铺盖，铺盖前应涂刷两道防锈漆，一般薄钢板应伸入瓦下面不少于 150mm。瓦铺好以后用掺麻刀的混合砂浆抹缝。

（2）铺瓦完成后，应在屋脊处铺盖脊瓦，俗称做脊。先在屋脊两端各盖上一块脊瓦，然后拉通线，用水泥石灰麻刀砂浆将屋脊处铺满，依次扣好脊瓦。要求脊瓦内砂浆饱满密实，脊瓦盖住平瓦的边必须大于 40mm，脊瓦之间的搭接缝隙和脊瓦与平瓦之间的搭接缝隙，应用掺有麻刀的混合砂浆填实。屋脊和斜脊应平直，无起伏弯曲现象。

（3）如果山墙高度与屋面相平，则只要在山墙边压一行条砖，然后用 1∶2.5 水泥砂浆抹严实，做出披水线即可。瓦在屋面上应坐窝牢固，无下滑现象。盖瓦应搭盖均匀，无稀密不匀和下滑现象。槽口瓦头出搪应均匀一致，成一条直线。斜沟、烟囱等与屋面连接的部位要严格做好防漏渗的处理。屋面瓦全部铺完后，要清扫瓦面和瓦楞，清扫干净后再做一遍检查，细查瓦片有无翘角和张口的现象，瓦楞是否整齐、平直，与屋脊是否垂直，整体瓦面搭盖的疏密是否一致，确无质量问题可交付验收。

（八）改性沥青、合成高分子卷材粘贴的方法

1. 施工工艺

（1）工艺流程

① 改性沥青类卷材热熔工艺流程：基层处理→涂刷基层处理剂→铺贴卷材附加层→热熔铺贴卷材→热熔封边→蓄水试验→验收

② 改性沥青类防水卷材自粘法工艺流程：基层处理→涂刷基层处理剂→铺贴卷材附加层→铺贴双面自粘防水卷材→铺贴复合卷材→卷材搭接缝的粘结和密封→蓄水试验→验收

③ 合成高分子类防水卷材满粘法工艺流程：基层处理→阴阳角粘贴附加层→涂刷基层胶粘剂→铺贴卷材→涂刷搭接胶粘剂→密封膏封边→复杂细部构造处理→蓄水试验→验收

（2）卷材防水层施工前，应将基层表面尘土、杂物彻底清理干净，如图 11-63 所示。不得有空鼓、开裂及起砂、脱皮等缺陷。

（3）铺贴卷材前，基层表面应均匀涂刷基层处理剂，如图 11-64 所示。基层处理剂应与卷材相容，配比准确，并应搅拌均匀。喷、涂基层处理剂前，应先对屋面细部进行涂刷。基层处理剂可选用喷涂或涂刷施工工艺，喷、涂应均匀一致，干燥后应及时进行卷材施工。一般气候条件下基层处理剂的干燥时间为 4h 左右。

图 11-63　基层清理　　　　　　图 11-64　涂刷基层处理剂

（4）卷材铺贴顺序和方向应符合下列规定：

① 当屋面坡度不超过 3% 时，改性沥青防水卷材宜平行屋脊铺贴；当屋面坡度在 3%～15% 时，可平行或垂直于屋脊铺贴；当屋面坡度超过 15% 时，改性沥青防水卷材宜垂直檐沟或天沟铺贴。

② 上下层卷材不应相互垂直铺贴。

③ 当平行正脊铺贴时，应由屋面最低处开始向上铺贴。

④ 檐沟、天沟卷材施工时，宜顺檐沟、天沟方向铺贴，搭接缝应顺流水方向。

⑤ 防水卷材的长边和短边接缝宜采用搭接方式，卷材最小搭接宽度应符合表 11-3 的规定；当对接搭接时，每条搭接缝的宽度均应满足表 11-3 的规定，搭接尺寸准确，如图 11-65 所示。

卷材最小搭接宽度　　　　　　表 11-3

卷材类型	搭接方式	最小搭接宽度（mm）
聚合物改性沥青类	热熔、热粘、胶粘	100
	自粘（含湿铺防水卷材）	80
合成高分子类	胶粘剂、粘结料	100

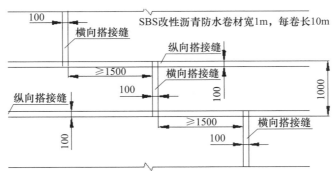

图 11-65　卷材铺贴平面图

2. 操作要点

（1）改性沥青防水卷材宜选用热熔法施工或热粘法施工。

① 铺贴卷材前根据平面弹线位置将卷材进行预铺，预铺后把卷材从两端卷向中间，从中间向两端滚铺粘贴。喷灯的喷嘴距卷材面的距离应适中，幅宽内加热应均匀，应以卷材表面熔融至光亮黑色为度，不得过分加热卷材。厚度小于 3mm 的高聚物改性沥青防水卷材，不得采用热熔法施工。

② 当卷材的沥青涂盖层呈熔融状态时，应边烘烤边向前缓慢地滚铺卷材使其粘结到基层上，随后用轧辊压实排除空气，使其平展并粘贴牢固，如图 11-66 所示。卷材加热应均匀，不得过熔、漏熔。卷材接缝部位应溢出热熔的改性沥青胶，溢出的改性沥青胶宽度宜为 8mm，且均匀顺直。当接缝处有矿物料时，应经处理露出改性沥青胶料后进行搭接。厚度小于 3mm 的聚合物改性沥青防水卷材，严禁采用热熔法施工。

图 11-66　热熔法施工

③ 热粘法铺贴卷材，改性沥青粘结料或非固化橡胶沥青防水涂料的加热温度不应高于160℃，厚度不应小于1.0mm。施工前，应在基层表面弹线定位，卷材应跟随粘结料或防水涂料熔化滚铺，并应展平压实。斜面或立面铺贴时，宜采用具有抗流坠功能的粘结料或防水涂料。防水卷材搭接部位不应采用非固化橡胶沥青防水涂料粘贴。

（2）合成高分子卷材铺贴

① 施工之前应进行试铺定位，铺贴和固定的防水卷材应平整、顺直，不得扭曲、皱褶。

② 卷材宜平行屋脊进行铺贴，平行屋脊方向的搭接宜顺流水方向，短边搭接缝相互错开不应小于300mm。搭接部位的表面应干净、干燥，搭接尺寸准确。防水卷材的收头部位宜采用压条钉压固定，并对收头进行密封处理。

③ 高分子防水卷材厚度大于或等于1.5mm时，T形搭接处可采用做附加层或削切处理。附加层采用同材质的均质高分子防水卷材，圆形附加的直径不应小于200mm；削切处理则应采用修边刀将卷材边缘的焊缝前端切成斜面，削切区域应大于焊接区域。

④ 当高分子防水卷材采用满粘法施工时，环境温度不得低于5℃；焊接施工时，不宜低于−10℃。

（九）防水蓄水试验的步骤及方法

1. 操作步骤与方法

（1）工艺流程

堵排水口→放水→检查→排水

（2）堵排水口：将事先准备好的沙子装进塑料袋里，堵住排水口，防止蓄的水流走。可将沙袋的尖角伸进排水口里面，再将周围一圈塞严实。

（3）放水：蓄水深度一般不小于20mm，如图11-67所示。放水时将水流调小，避免因为流速过大将做好的防水涂层冲坏。

（4）检查：蓄水试验期分两个阶段。在前期4h里，每1h应到楼下检查一次；后期20h里，每2～3h到楼下检查一次。若发现漏水情况，应立即停止蓄水试验，进行防水层修复处理，修复处理好后再进行蓄水试验，直至未出现渗漏。

（5）排水：24h过后，再到楼下检查是否有渗漏水。没有渗漏则说明所做的防水工程合格，就可以将堵漏的沙袋拿走，把水排放干净，防水层晾干后就可以进入到下一个施工程序。

图 11-67　蓄水

2. 操作要求

屋面防水层施工完成后，应进行观感质量检查和雨后观察或淋水、蓄水试验，不得有渗漏和积水现象，并应符合下列规定：

（1）采用雨后观察时，降雨应达到中雨量级标准，连续降雨过程不应少于 1h；

（2）持续淋水时间不应少于 2h；

（3）具备蓄水条件的檐沟、天沟、雨水口等应进行蓄水试验，其最小蓄水高度不应小于 20mm，蓄水时间不应少于 24h。

第十二章　质量验收

第一节　质量检查

（一）自密实混凝土强度及养护情况检查的方法

1. 检查方法

（1）回弹法：用回弹仪在混凝土结构构件表面检测，录取回弹值后根据数据分析，得出混凝土实际强度。

（2）超声波法：用超声波检测仪检测混凝土结构强度，既可用于检测混凝土强度，也可用于检测混凝土缺陷。

（3）钻芯取样法：用水钻在混凝土结构构件上截取直径100mm、高度100mm的混凝土样品，拿到实验室进行检测。

2. 检查的要点

自密实混凝土养护时间还需要视具体施工情况而定，如养护混凝土表面的保温状态、环境温度等因素。因此，在具体施工中应根据施工情况灵活调整养护时间。

（1）确保混凝土表面保持湿润状态，避免开裂。

（2）混凝土表面必须清洁干净，避免混凝土表面积水导致养护效果变差。

（3）尽量避免在混凝土表面移动工具和设备等，避免损坏混凝土表面。

（4）注意养护水的抽换更新，保证养护水质量，避免细菌滋生。

（5）养护结束后，应逐步降低养护水的温度，避免混凝土因温度过快变化而产生开裂现象。

（二）轻骨料混凝土强度及养护情况检查的方法

1. 检查方法

常用的检查方法：外观检查、硬度测试、抗压强度试验。

2. 检查的要点

（1）观察混凝土表面是否有收缩裂缝、松散和起泡。如果表面光滑、整齐、无裂缝，则表明维护时间充足。

（2）硬度测试：选择回弹仪等设备对混凝土表面硬度进行测试，以确定其强度发展状况。如果强度符合要求，则表明维护时间适宜。

（3）抗压强度试验：根据抽样进行抗压强度试验，根据实际数据对混凝土的养护效果进行评估。如果抗拉强度符合设计要求，则表明维护时间有效。

（三）使用回弹仪检测混凝土强度的方法

1. 使用方法

（1）将弹击杆顶住混凝土的表面，轻压仪器，使按钮松开，放松压力时弹击杆伸出，挂钩挂上弹击锤，如图 12-1 所示。

（2）使仪器轴线始终垂直于混凝土的表面并缓慢均匀施压，待弹击锤脱钩冲击弹击杆后，弹击锤回弹带动指针向后移动至某一位置时，指针块上的示值刻线在刻度尺上示出一定数值即为回弹值，如图 12-2 所示。

图 12-1　回弹仪使用（一）　　　　　图 12-2　回弹仪使用（二）

（3）使仪器机芯继续顶住混凝土表面读数并记录回弹值。如条件不利于读数，可按下按钮，锁住机芯，将仪器移至他处读数。

（4）逐渐对仪器减压，使弹击杆自仪器内伸出，待下一次使用。

2. 操作要点

（1）在进行测试前，应先对仪器进行校准，如图 12-3 所示，确保测试结果的准确性。每次测试前，应检查测试头和样品表面的清洁程度，如图 12-4 所示，确保无杂质影响测试结果。

图 12-3　回弹仪使用准备图

图 12-4　率定测试

（2）测点要求

每一测区应读取 16 个回弹值，如图 12-5 所示，每一测点的回弹值读数应精确至 1。测点宜在测区范围内均匀分布，相邻两测点的净距离不宜小于 20mm。测点距外露钢筋、预埋件的距离不宜小于 30mm；测点不应在气孔或外露石子上，同一测点应只弹击一次，如图 12-6 所示。

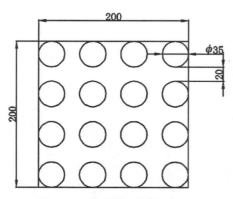

图 12-5　回弹仪测区示意图

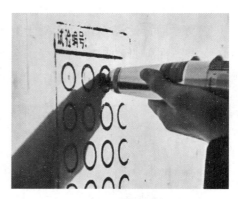

图 12-6　回弹仪操作示意图

（3）待检测区表面处理

检测面应为混凝土表面，并应清洁、平整，不应有疏松层、浮浆、油垢、涂层以及蜂窝、麻面，必要时可以用砂轮清除疏松层和杂物，且不应有残留的粉末。

（4）回弹

先在墙上按照要求绘制回弹测点后进行回弹。检测时，回弹仪的轴线应始终垂直于结构或构件的混凝土检测面，缓慢施压，准确读数，快速复位。测试时，要确保样品与测试头的接触牢固，避免松动或滑动。进行多次测试，并取平均值，以提高测试结果的准确性。在测试过程中，要保持环境的稳定，避免外界震动和干扰。

（四）砖混结构条形基础组砌形式及条形基础尺寸检查的方法

1. 检查方法

组砌形式检验方法：观察检查。砌体组砌方法抽检每处应为 3～5m。
尺寸检查方法：用经纬仪、拉线和尺等测量仪器检查。

2. 检查的要点

（1）砖砌体组砌方法应正确，内外搭砌，上、下错缝。混水墙中不得有长度大于 300mm 的通缝，长度 200～300mm 的通缝每间不超过 3 处，且不得位于同一面墙体上。砖柱不得采用包心砌法。
抽检数量：每检验批抽查不应少于 5 处。
（2）砖砌体尺寸、位置的允许偏差及检验，如表 12-1。

砖砌体尺寸、位置的允许偏差及检验　　　　　表 12-1

项次	项目	允许偏差（mm）	检验方法
1	轴线位置偏移	10	用经纬仪、拉线和尺检查
2	垂直度	5	用 2m 拖线板检查
3	大放脚和基础墙砌体顶面标高	±15	用水准仪和尺量检查
4	表面平整度	8	用 2m 靠尺和楔形塞尺检查
5	水平灰缝平直度	10	拉 10m 线的尺量检查

（五）清水砖墙的组砌形式、垂直度、平整度检查的方法

1. 检查方法

组砌形式检验方法：观察检查。
垂直度检查方法：用经纬仪、吊线和尺或用其他测量仪器检查。
平整度检查方法：用 2m 靠尺和楔形塞尺检查。

2. 检查的要点

（1）常见组砌形式：组砌方法应符合设计要求，设计无要求时宜采用一顺一丁、梅花丁或三顺一丁组砌法，砌筑时砌块应里外咬槎或留踏步槎，上下层错缝，如图 12-7 所示。

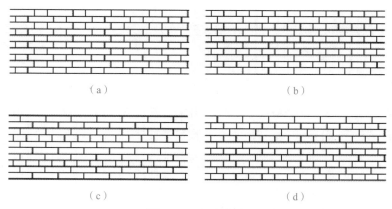

（a）　　　　　　　　　　　（b）

（c）　　　　　　　　　　　（d）

图 12-7　组砌方法

（2）砖砌体的灰缝应横平竖直，厚薄均匀，水平灰缝厚度及竖向灰缝宽度宜为 10mm，但不应小于 8mm，也不应大于 12mm。

抽检数量：每检验批抽查不应少于 5 处。

检验方法：水平灰缝厚度用尺量 10 皮砖砌体高度折算；竖向灰缝宽度用尺量 2m 砌体长度折算。

（3）表面平整度用 2m 靠尺和楔形塞尺检查，不应少于 5 处。

（六）直槎、斜槎、马牙槎组砌形式及尺寸检查的方法

1. 检查方法

组砌形式检验方法：观察检查。

尺寸检查方法：用经纬仪、拉线和尺等测量仪器检查。

2. 检查的要点

构造柱砖墙应砌成马牙槎，设置好拉结筋，从柱脚开始两侧都应先退后进，以保证混凝土浇筑时上角密实。

砖砌体的转角处和交接处未设置构造柱时，应同时砌筑。不能同时砌筑而又应留置的临时间断处应砌成斜槎，留槎应平直、通顺，斜槎高度不得超过一步脚手架高度。

（七）筒瓦、中瓦、平瓦等屋面瓦牢固程度及防水性检查的方法

1. 检查方法

常用方法：目测、尺量和其他检测仪器。

2. 检查的要点

（1）选瓦必须严格，不应有缺角、砂眼、裂纹和翘曲的瓦上屋面，尤其筒瓦的小头处更应注意不应有裂纹。

（2）随机检查瓦棱中所用的掺灰泥应填实，达到饱满、粘接牢固，不允许积浆，应保持整洁。

（3）观察相邻上下两张筒瓦的接头应吻合紧密，当脊下坡势较陡时，每相隔三、四张瓦时须加钉荷叶钉1只。瓦片应坐窝牢靠，无下滑现象，搭接均匀，无稀密不均。

（4）拉线检查，瓦棱应直，外观整齐，感观良好。

（5）检查烟囱、斜沟等与屋面相连的细部，必须严格做好防渗漏的处理。

（八）脊、天沟、斜沟、泛水和老虎窗的尺寸、坡度检查的方法

1. 检查方法

常用方法：尺量、拉线和其他检测仪器。

2. 检查的要点

（1）屋面弧形曲线（即囊度）应符合设计要求。

（2）屋脊、戗脊上的线条应柔和、匀称、平直无波浪形，屋脊两边端头应在同一标高上，脊与瓦的接缝处应严密无渗漏缝隙。

（3）斜沟和泛水的质量应符合设计要求。检查数量应达屋面面积的50%，正脊、戗脊每5m应抽查1处，且不少于3处。

（4）山墙及檐口处均应用灰浆将孔洞缝隙填塞密实。

（5）檐口瓦头出檐应均匀一致，成一条直线。

（九）改性沥青、合成高分子卷材等新型防水材料粘贴层数、搭接宽度、铺贴顺序检查的方法

1. 检查方法

目测判断：应无明显的起伏、变形或波浪状现象，表面应平整、整齐。

触摸判断：用手轻触表面，感觉应均匀平整，不应有凹凸不平或鼓起松动的现象。

尺量检查：搭接宽度是否符合设计要求。

2. 检查的要点

（1）目测观察：确保卷材与基层之间没有明显脱胶、鼓起、松动等现象。

（2）拼接宽度：拼接处宽度应符合设计要求，不得低于规定的最小宽度，同时应保证拼接处无虚胶、漏胶情况。

（3）接缝严密性：拼接处应紧密贴合，没有空隙或翻起的现象，且胶层厚度均匀、不过薄或过厚。

第二节　质量问题处理

（一）自密实混凝土养护不足整改的方法

自密实混凝土是一种具有高强度、抗渗性等优点的混凝土材料，而其养护时间也是影响其性能的重要因素之一。一般来说，自密实混凝土的养护时间应至少为 7 天，具体时间因混凝土强度等因素而有所不同。

自密实混凝土浇筑后 4h 以内，应采用覆盖、蓄水、薄膜保湿、喷涂或涂刷养护剂等养护措施，养护时间不得少于 14 天。采用覆盖浇水养护，浇水次数应能保持混凝土处于湿润状态；对裂缝有严格要求的部位应适当延长养护时间。

对于平面结构构件，混凝土初凝后，应及时采用塑料薄膜覆盖，其敞露的全部表面应覆盖严密，并应保持塑料薄膜内有凝结水。混凝土强度达到 $1.2N/mm^2$ 后，应覆盖保湿养护，条件许可时宜蓄水养护。

结构构件拆模后，表面宜覆盖保湿养护，也可涂刷养护剂。

（二）轻骨料混凝土养护不足整改的方法

轻骨料混凝土的养护时间受混凝土配合比、减水剂、自然条件等多种因素的影响。混凝土的养护时间应根据抗拉强度的发展来确定。一般情况下，现浇混凝土完成后，其强度会随着时间的推移而逐渐增加。仔细观察和测试混凝土的强度，可以知道适当的养护时间。

自然养护：将混凝土暴露在自然环境中，借助环境湿度和温度进行养护。这种方法简单易行，但需要一定的时间，并且对自然条件有很高的要求。洒水养护：定期向混凝土表面洒水，确保其湿润状态。洒水养护可以有效地提高混凝土的强度和稳定性，但是需要有人负责操作。涂层维护：在混凝土表面覆盖一层塑料薄膜，避免水分流失、保持混凝土湿润。涂层维护操作简单，但可能会影响混凝土的外观检查。

保养轻骨料混凝土时，应注意确保混凝土表面潮湿，避免水分流失，防止混凝土遭受太阳直射或冷害。灌溉结束前几小时内，尽量减少振动或振动混凝土，确保混凝土入模温度在适宜范围内，避免因温差而产生缝隙。

（三）混凝土坍落度偏差问题整改的方法

1. 调整混凝土配合比：可以适当增加水泥用量、减小骨料粒径或调整水泥与骨料的比例，以提高混凝土的坍落度。在调整配合比时，要确保混凝土的强度和耐久性符合设计要求。

2. 使用混凝土添加剂：添加适量的外加剂，如减水剂、防冻剂等，可以改善混凝土的流动性，降低坍落度，以确保不影响混凝土的强度和耐久性。

3. 加强搅拌时间：在混凝土搅拌过程中，适当延长搅拌时间可以提高混凝土的坍落度。延长搅拌时间有助于水泥与骨料充分拌合，提高混凝土的流动性。

4. 调整泵送和浇筑工艺：在泵送混凝土时，可以尝试调整泵送速度、泵管布置等，以提高混凝土的流动性，避免因过快或过慢而导致坍落度减小。

5. 严格控制混凝土浇筑高度：在浇筑过程中，要控制混凝土的浇筑高度，避免过高或过低。

（四）砖混结构条形基础组砌错误整改的方法

1. 在砌筑过程中，出现偏差时，应及时纠正，不应事后砸墙。

2. 基础墙与上部墙体错台：检查大放脚摞底，两边收退应相等，拉线找正墙的轴线和边线是否正确，偏差较小时可在基础墙砌筑时纠正。

3. 墙身不垂直：应对照皮数杆的砖层及标高，如有高低差时，应在水平灰缝中逐渐调整，使基础墙的层数与皮数杆相一致。

4. 出现螺丝墙：基础墙高度较大时，应定期检查皮数杆，并拉线检查水平灰缝，砌体应平直通顺。

（五）清水砖墙的组砌形式、垂直度、平整度不合格问题整改的方法

1. 组砌形式整改：砌体结构组砌方法应符合设计要求，设计无要求时宜采用一顺一丁、梅花丁或三顺一丁组砌法，砌筑时砌块应里外咬槎或留踏步槎，上下层错缝。

2. 墙面不平整改：一砖半墙应双面挂线，一砖墙反手挂线；舌头灰应随砌随刮平。盘角时灰缝应掌握均匀，每层砖都应与皮数杆对平，通线应绷紧穿平。

3. 标高整改：防止皮数杆不平，抄平放线时，应细致认真；钉皮数杆的木桩应牢固，不应碰撞松动；皮数杆立完后，应复验，皮数杆标高应一致。

4. 灰缝大小不匀：立皮数杆应保证标高一致；盘角时灰缝应掌握均匀，砌砖时小线应拉紧，不应一层线松、一层线紧。

（六）直槎、斜槎、马牙槎组砌形式及尺寸不合格问题整改的方法

1. 组砌形式整改：砌体结构组砌方法应符合设计要求，砌筑时砌块应里外咬槎或留踏步槎，上下层错缝。

2. 砌筑时应左右照顾，接槎处不应高低不平。

3. 应随时注意正在砌的皮数，并应按皮数杆标明的位置放置拉结筋，外露部分长度符合设计要求，在施工中不得任意弯折。

4. 砖墙与构造柱连接处应砌成马牙槎，马牙槎沿高度方向的尺寸不应超过300mm。马牙槎应先退后进，拉结筋应按设计要求放置，设计无要求时应沿墙高500mm 设置 2φ6 水平拉结筋，每边深入墙内长度不应小于1m。

（七）筒瓦、中瓦、平瓦屋面牢固程度、防水性能不合格问题整改的方法

1. 屋面渗漏：须做到屋面坡向合理，符合设计和施工规范要求。檩条和椽子的断面尺寸与铺钉方法均应符合设计要求，材质不好的应剔除不用。要选用合格的筒瓦，质量低劣欠火的瓦应坚决不用。铺瓦时要挤紧密；瓦铺好后不得在瓦面上行走而踩坏瓦片。

2. 屋面瓦片脱落：控制筒瓦屋面的铺筑过程，筑脊要求平直，施工时要拉通长麻线，筑脊下合背脊瓦的底部要求垫塞平稳、座浆饱满，使老头瓦与屋脊结合牢固。

（八）处理脊、天沟、斜沟、泛水和老虎窗的尺寸、坡度不合格问题整改的方法

1. 沟垄不直：铺瓦时一定要弹出与屋脊垂直的线，用以检查瓦垄的顺直度。

2. 瓦面不平：铺完瓦后进行全面检查，发现问题及时纠正。

3. 出檐不一致：在铺瓦开始时在两山头出檐处各先固定铺好一块瓦，量准出檐尺寸，然后拉上通线，檐口瓦以此为准进行铺设就能达到出檐一致。

（九）改性沥青、合成高分子卷材粘贴层数、搭接宽度、铺贴顺序错误问题整改的方法

1. 调整粘贴层数：在铺贴过程中，如果发现粘贴层数过多，会导致铺贴效果不佳，贴合不紧密。因此，需要重新评估粘贴层数，并根据实际情况进行调整。

2. 调整搭接宽度：在铺贴过程中，如果发现搭接宽度不够，会导致贴合不紧密、

贴合处出现裂缝。因此，需要重新评估搭接宽度，并根据实际情况进行调整。

3.重新调整铺贴顺序：在铺贴过程中，如果发现铺贴顺序错误，会导致贴合不紧密，甚至可能会导致贴合处出现裂缝。因此，需要重新评估铺贴顺序，并根据实际情况进行调整。卷材铺贴应按先高后低的顺序施工，即先铺高跨屋面，后铺低跨屋面。在同高度大面积的屋面，应先铺离上料点较远的部位，后铺较近部位。卷材大面积铺贴前，应先做好节点密封处理、附加层和屋面排水较集中部位（屋面与水落口连接处、檐口、屋面转角处、板端缝等）的处理、分格缝的空铺条处理等，然后方可由屋面最低标高处向上施工。

参 考 文 献

［1］苗景荣. 建筑工程测量（第三版）［M］. 北京：中国建筑工业出版社，2023.

［2］姚谨英，姚晓霞. 建筑施工技术（第七版）［M］. 北京：中国建筑工业出版社，2022.

［3］住房和城乡建设部人事司. 砌筑工［M］. 北京：中国建筑工业出版社，2021.

［4］惠彦涛. 建筑施工技术［M］. 上海：上海交通大学出版社，2021.

［5］朱从明. 建筑施工技术［M］. 北京：航空工业出版社，2021.

［6］周文波. 砌筑工（高级）［M］. 北京：机械工业出版社，2005.

［7］周占龙. 砌筑工200问［M］. 北京：机械工业出版社，2017.

［8］穆创国，张迪. 砌筑工程施工与组织［M］. 北京：中国水利水电出版社，2009.

［9］刘庆. 砌筑工（第2版）［M］. 重庆：重庆大学出版社，2021.

［10］武强. 房屋建筑构造［M］. 北京：北京理工大学出版社，2016.

［11］江苏省乡村规划建设研究会. 乡村建设工匠培训教材［M］. 北京：中国建筑工业出版社，2022.